SASCHA MAMCZAK ▪ MARTINA VOGL

EINE NEUE WELT

PH
V

SASCHA MAMCZAK ▪ MARTINA VOGL

EINE NEUE WELT

Die Natur, die Menschen und die Zukunft unseres Planeten

Illustriert von Katrin Stangl

PETER HAMMER VERLAG

Inhalt

»Die Natur ist eine Liebe, die man behält, solange man lebt.«

ASTRID LINDGREN

»Die ganze Welt ist eine Geschichte, und wir spielen darin mit.«

MICHAEL ENDE

Vorwort

Das Titelbild dieses Buches zeigt einen jungen Menschen, der von weit oben einen Blick auf die Welt wirft, in der wir leben – einen neugierigen, staunenden, vielleicht auch besorgten, vor allem aber einen klaren Blick. Leider können nur die wenigsten von uns tatsächlich von so weit oben auf unsere Welt als Ganzes blicken. Deshalb haben wir dieses Buch geschrieben.

Das sollten wir kurz erklären. Als wir anderen Erwachsenen davon erzählten, dass wir an einem Buch für Jugendliche über die Natur, die Menschen und die Zukunft des Planeten Erde arbeiten sagten sie fast immer als Erstes: »Aber seid bloß nicht belehrend.« Oft sagten sie auch: »Seid nur nicht zu negativ.«

Das hat uns ziemlich irritiert. Denn bei ganz vielen anderen Dingen machen Erwachsene gegenüber Jugendlichen deutliche Ansagen: Räum dein Zimmer auf. Ärgere deine Schwester nicht. Beklaue niemanden. Verhalte dich generell gut. Aber wenn es um die Zukunft des Planeten Erde geht, heißt es plötzlich, man soll die Jugendlichen nicht belehren. Wie merkwürdig.

Nun ist es überhaupt nicht die Absicht dieses Buches, irgendjemanden zu belehren, ganz im Gegenteil. Trotzdem kommt man an zwei Tatsachen einfach nicht vorbei.

Zum einen, dass der Planet Erde in einem ziemlich schlechten Zustand ist.

Zum anderen, dass wir daran etwas ändern müssen, wenn wir weiter auf diesem Planeten leben wollen.

Diese zwei Tatsachen lassen sich nicht bestreiten. Aber wenn man sich ansieht, wie Erwachsene und Jugendliche miteinander darüber reden – oder eben *nicht* darüber reden –, dann bekommt man das Gefühl, als wollten die Erwachsenen sie von diesen Tatsachen fernhalten. Als wäre das etwas, was man jungen Menschen nicht zutrauen kann. An den meisten Schulen etwa wird über diese Tatsachen immer noch nur am Rande und auf mehrere Fächer verteilt gesprochen. Wir sind sogar schon Schülerinnen und Schülern begegnet, die davon überhaupt noch nichts gehört haben.

Natürlich gibt es ganz viele andere wichtige Themen in der Welt: Flüchtlinge, Rassismus, die Digitalisierung, soziale Gerechtigkeit oder Gewalt gegen Mädchen und Frauen. Aber wenn wir die Welt, in der wir leben, zerstören, dann werden wir nicht allzu viele Möglichkeiten haben, uns mit diesen anderen Themen zu beschäftigen.

Diese Selbstverständlichkeit ist offenbar vielen Menschen nicht bewusst. Viele von uns haben offenbar keinen klaren Blick auf die Welt. Wir wissen ja noch nicht einmal, wie man das genau nennen soll, worum es in diesem Buch geht. Etliche Begriffe schwirren durch die Luft: »Umweltkrise« oder »Ökokrise«, »Raubbau an der Natur« oder »Ausbeutung der Erde«, »Artensterben« oder »Klimawandel«. Einige dieser Begriffe sind so allgemein, dass sie alles und nichts bedeuten können. Andere wiederum sind irreführend. »Klimawandel« zum Beispiel ist ein sehr beschönigendes Wort, denn das Klima auf der Erde wandelt sich ständig. Was jetzt gerade mit dem Klima geschieht, müsste man eigentlich als »Klimakatastrophe« bezeichnen, aber man soll ja nicht zu negativ sein.

Na schön, dann sind wir jetzt also positiv. Und dafür gibt es auch gute Gründe, denn sehr viele junge Menschen haben inzwischen erkannt, dass der Planet Erde in einem ziemlich schlechten Zustand ist. Und tun etwas dagegen. Ja, es scheint, als vollziehe sich gerade eine Zeitenwende. Jetzt machen Jugendliche gegenüber den Erwachsenen deutliche Ansagen und berufen sich dabei auf wissenschaftliche Erkenntnisse, die man vielleicht leugnen, aber nicht wegdiskutieren kann. Und je mehr junge Menschen das tun, desto mehr wird aus der Welt, in der wir leben, eine neue, bessere Welt.

Wir beschreiben diese neue Welt in unserem Buch nicht in ihren Einzelheiten, denn wir wissen nicht, wie sie genau aussehen wird. Wir wissen nur, dass sie *neu* sein wird – dass sie keiner anderen Welt ähneln wird, in der Menschen jemals lebten.

Aber wir wollen beschreiben, was wir unbedingt tun sollten, um zu so einer neuen, besseren Welt zu kommen: nämlich einen klaren Blick auf die Welt werfen, in der wir leben. Wie sie ist. Wie sie so wurde.

Und wie sie sein könnte.

München, im Juni 2020
Sascha Mamczak & Martina Vogl

1 // Willkommen im Jetzt

»Die Zeiten ändern sich, und die Kinder sind die Ersten, die das merken.«

ROBERTO BOLAÑO

Große und kleine Ereignisse

Die Geschichte der Menschheit ist eine Geschichte unaufhörlicher Veränderungen. Riesige Reiche entstanden und verschwanden wieder. Kriege zerstörten bestehende politische Ordnungen und schufen dadurch neue. Rebellionen und Aufstände stürzten Herrscher, von denen man annahm, ihre Macht würde nie enden. Protestbewegungen erkämpften soziale Verbesserungen, von denen man dachte, es würde sie nie geben. Unbekannte Länder und Kontinente wurden entdeckt und besiedelt. Die Medizin besiegte Krankheiten, die zuvor Millionen von Menschen das Leben gekostet hatten. Die Wissenschaft entschlüsselte die Geheimnisse des Universums. Und bahnbrechende Erfindungen und technische Innovationen machten das Leben der Menschen von Generation zu Generation leichter und angenehmer. Ja, wenn man die Geschichte der Menschheit betrachtet, hat man den Eindruck, dass es im Grunde keine Zeit gab, in der sich nicht irgendetwas Besonderes ereignet hat.

Aber was heißt hier eigentlich *besonders*? Jeden Tag ereignen sich auf der Welt unzählige Dinge, wie kann man also feststellen, was davon wirklich besonders ist? Was davon dramatische Folgen für die Zukunft hat? Wenn man es sich genau überlegt, ist das letztlich nur rückblickend möglich – wenn Historikerinnen und Historiker einen vergangenen Zeitabschnitt studieren und nachzuvollziehen versuchen, welche Auswirkungen bestimmte Ereignisse in einer bestimmten Zeit auf die jeweilige spätere Zeit hatten. Zum Beispiel hat Galileo Galilei im 17. Jahrhundert unser Verständnis von der Welt für immer verändert, als er bewies, dass sich die Erde um die Sonne dreht und nicht, wie die Menschen seiner Zeit glaubten, die Sonne um die Erde. Es dauerte aber über hundert Jahre, bis sich dieses Wissen und damit die grundlegende Veränderung unseres Weltbildes verbreitet hatten. Die meisten Zeitgenossen Galileis bekamen davon überhaupt nichts mit.

Für die meisten Menschen ist es schwer, genau zu erkennen, welche Ereignisse so besonders sind, dass sie Auswirkungen auf die Zukunft haben werden.

Für die meisten Menschen ist es nämlich ziemlich schwer, genau zu erkennen, welche Ereignisse in ihrer Zeit so besonders sind, dass sie dramatische Auswirkungen auf die Zukunft haben werden. Entweder es passiert zu viel, sodass die Menschen von den Geschehnissen überwältigt sind und die Zusammenhänge nicht begreifen. Oder es passiert zu wenig, sodass sie das Gefühl haben, dass sich eigentlich überhaupt nichts verändert, dass das Leben einfach so weitergeht wie immer, wäh-

rend sich, von ihnen unbemerkt, tatsächlich bedeutende Veränderungen vollziehen.

Dass in unserer Zeit, in der ersten Hälfte des 21. Jahrhunderts, zu wenig passiert, kann man nicht gerade sagen. Ganz im Gegenteil. Man hat das Gefühl, als würden sich die Ereignisse geradezu überschlagen. Wirtschaftskrisen und Flüchtlingsströme, Bürgerkriege und Anschläge, der Austritt Großbritanniens aus der Europäischen Union und die Wahl Donald Trumps zum amerikanischen Präsidenten, Nachrichten von gentechnisch veränderten Babys und von Computern, die intelligenter sind als wir Menschen, und vieles, vieles mehr. Nein, es mangelt wirklich nicht an dramatischen Ereignissen.

Nur: Was von alldem ist wirklich besonders? Welche Ereignisse in unserer Zeit werden künftige Historiker einmal als so bedeutend bezeichnen, dass sie die Zukunft maßgeblich beeinflusst haben? Das kann, wie gesagt, aus heutiger Sicht niemand genau wissen. Selbst bei einem so großen Ereignis wie dem weltweiten Ausbruch der Corona-Pandemie zu Beginn des Jahres 2020 kann man nicht vorhersagen, welche Folgen sie haben wird. Es hat im Laufe der Menschheitsgeschichte schon einige Pandemien gegeben, zum Beispiel die sogenannte Spanische Grippe, die vor etwas mehr als hundert Jahren Millionen von Menschen das Leben gekostet hat, und nachdem sie besiegt oder wieder verschwunden waren, haben die Menschen mehr oder weniger so weitergemacht wie zuvor. Sehr oft sind es nämlich gar nicht die ganz großen Ereignisse, die dramatische Folgen für die Zukunft haben. Sondern es sind kleine Ereignisse, die man in der Flut der Nachrichten häufig übersieht und von den meisten Menschen der Gegenwart, von den meisten von uns, kaum wahrgenommen werden. Es kann also gut sein, dass aus einem bestimmten kleinen Ereignis in der Gegenwart im Rückblick ein ganz großes wird – ein Ereignis, das die Welt verändert hat. Bei welchem kleinen Ereignis das einmal so sein wird, kann niemand vorhersagen, auch wir, die Autoren dieses Buches, nicht. Aber wir haben da so eine Vermutung.

Die Zukunft verklagt die Gegenwart

Wir vermuten, dass künftige Historiker einmal ein Ereignis, das im August 2015 stattgefunden hat, als wirklich besonders bezeichnen werden. Ein Ereignis, von dem kaum jemand etwas mitbekommen hat.

Im August 2015 reichte eine Gruppe von einundzwanzig Kindern und Jugendlichen vor einem amerikanischen Gericht eine Klage gegen ihre Regierung ein, die Regierung der Vereinigten Staaten von Amerika. (Eine der Klägerinnen hieß Kelsey Juliana, deshalb hat die Klage den Namen »Juliana v. United States«.) In ihrer Klage wiesen die Jugendlichen darauf hin, dass die amerikanische Verfassung allen Bürgerinnen und Bürgern des Landes ein Recht auf ein gesundes und freies Leben garantiere, doch die Regierung tue nichts dafür, dass die Jugendlichen dieses Recht in der Zukunft wahrnehmen können. Im Gegenteil, sie tue mit ihrer katastrophalen Klima- und Umweltpolitik alles dafür, dass es für die heutigen Jugendlichen keine gute Zukunft geben wird. Und deshalb müssten sie dieses Recht einklagen.

Die Regierung wehrte sich monatelang mit allen juristischen Mitteln und Tricks gegen den Beginn der Verhandlung. Aber im Juli 2018 entschied das höchste Gericht im amerikanischen Rechtssystem, der Supreme Court, dass die Klage der Jugendlichen prinzipiell zulässig sei – dass sie vor Gericht verhandelt werden kann. Und so wird bis heute über diese Klage verhandelt. Es gab für die Jugendlichen, die die Klage eingereicht haben, auch schon einige juristische Rückschläge. Trotzdem geben sie nicht auf.

Nun ist es gerade in den Vereinigten Staaten üblich, mit den seltsamsten Gründen gegen jeden und alles vor Gericht zu ziehen, aber eine solche Klage von Jugendlichen auf »ein gesundes und freies Leben in der Zukunft« hatte es vor einem amerikanischen Gericht zuvor noch nicht gegeben. Eine solche Klage hatte es auf der ganzen Welt zuvor noch nicht gegeben. Und sie war der Ausgangspunkt für weitere derartige Klagen. Seither gehen Jugendliche auch in vielen anderen Ländern vor Gericht und versuchen, die Erwachsenen mit juristischen Mitteln dazu zu verpflichten, die Zukunft zu bewahren. In Kolumbien reichten fünfundzwanzig Jugendliche Klage ein, weil die Regierung zu wenig gegen die Abholzung des Regenwaldes tue und damit das Grundrecht künftiger Generationen auf eine gesunde Umwelt verletze. Im indischen Bundesstaat Uttarakhand verklagte eine Neunjährige die Regierung, weil sie nichts gegen den Klimawandel unternehme und damit die Zukunft der Kinder gefährde. Und in Deutschland hat im Januar 2020 eine Gruppe Jugendlicher gegen die Bundesregierung Beschwerde vor dem Bundesverfassungsgericht eingelegt, weil die umweltpolitischen Maßnahmen der Regierung nicht ausreichten, um eine lebenswerte Zukunft zu sichern. Die Rechtssysteme sind von Land zu Land sehr verschieden, und so verlaufen die Verfahren auch immer sehr unterschiedlich. Die meisten von ihnen sind zum jetzigen Zeitpunkt noch nicht abgeschlossen, denn sie sind äußerst kompliziert. Weil es diese Art von Klagen bisher noch nicht gegeben hat, müssen die Anwälte, die Richter und die anderen Verfahrensbeteiligten alles ganz genau prüfen.

Aber die Klagen der Jugendlichen sind nicht nur aus juristischer

Sicht etwas Besonderes. Sie sind überhaupt etwas Besonderes. In diesen Gerichtsverfahren wird nämlich deutlich, dass sich in unserer Zeit etwas auf dramatische Weise verändert hat: die Sichtweise auf die Zukunft.

Natürlich war auch in den Jahrzehnten davor ständig von der Zukunft die Rede, und man hat sich durchaus Sorgen darum gemacht. Zur Zeit des Kalten Krieges etwa hatte man große Angst, es könnte zu einem Atomkrieg zwischen den USA und der damaligen Sowjetunion kommen. Aber eigentlich gingen die meisten Menschen davon aus, dass die Zukunft *besser* als die Gegenwart sein würde und dass die jeweils Älteren den jeweils Jüngeren diese bessere Zukunft ermöglichen würden. Es schien eine geradezu in Stein gemeißelte Regel zu sein, dass die eine Generation der nächsten eine bessere Welt überreicht.

Die Klagen der Jugendlichen sind nicht nur aus juristischer Sicht etwas Besonderes.

Diese Regel gilt heute nicht mehr. Jetzt haben sehr viele Menschen das Gefühl, dass die Zukunft *schlechter* sein wird als die Gegenwart, und die Jüngeren werfen den Älteren vor, dafür verantwortlich zu sein. Ja, sie beschuldigen die Älteren, ihnen ihre Zukunft wegzunehmen. Mit ihren Klagen wollen die Jugendlichen also der Zukunft – ihrer Zukunft – eine Stimme geben.

Mit anderen Worten: Die Zukunft verklagt die Gegenwart. Das ist etwas ganz Neues in der Geschichte der Menschheit.

Eine äußerst merkwürdige Zeit

Wie kommt das nur? Was ist da geschehen? Warum machen sich viele Jugendliche so große Sorgen um ihre Zukunft, dass sie die Erwachsenen sogar verklagen? Eigentlich gibt es doch gar keinen Grund für Sorgen, denn eigentlich ist die Zeit, in der wir leben, doch eine Zeit mit wunderbaren Zukunftsaussichten.

In den allermeisten Ländern der Erde leben die Menschen heute deutlich länger, sie sind gesünder, wissen mehr und haben einen höheren Lebensstandard als noch vor wenigen Jahrhunderten. Vor zweihundert Jahren ist in Deutschland noch fast die Hälfte aller Kinder vor dem Erreichen des fünften Lebensjahres gestorben, heute sind es weniger als ein Prozent. Zwar gibt es in vielen Regionen der Erde aktuell Kriege und Konflikte, aber insgesamt leben wir in friedlichen Zeiten. Mitteleuropa zum Beispiel hat seit über siebzig Jahren keinen Krieg mehr erlebt, eine so lange Zeit des Friedens hat es seit der Antike nicht mehr gegeben. Und nicht zu vergessen all die Errungenschaften der Technik, die unser Leben so viel besser und aufregender machen. Mit unseren Handys können wir fast überallhin telefonieren, mit dem Flugzeug können wir fast überallhin reisen, und fast überall können wir ins Internet gehen, E-Mails checken und Computerspiele spielen.

In unserer Zeit ist die Welt also ein deutlich weniger beunruhigender Ort, als sie es noch vor einigen Generationen war. Und sie ist ein Ort mit faszinierenden Aussichten. Wer nach dem Jahr 2000 geboren wurde und in einem Land mit guter medizinischer Versorgung lebt, hat beste Chancen, an die hundert Jahre alt zu werden. Und einmal mit einem computergesteuerten Auto zu fahren. Und zu erleben, dass Krankheiten wie Aids, Covid-19 und vielleicht sogar Krebs vollständig besiegt werden. Und live dabei zu sein, wie die ersten Menschen auf dem Mars landen. Das ist doch alles ziemlich großartig, oder?

Aber gleichzeitig ist die heutige Welt für viele Menschen auch ein äußerst beunruhigender Ort, und diese Menschen melden sich immer lauter zu Wort. So hat 2017 eine internationale Gruppe von fünfzehntausend Wissenschaftlerinnen und Wissenschaftlern eine »Warnung an die Menschheit« gerichtet. Wir Menschen, sagen sie, sind dabei, der Welt, in der wir leben, einen nicht wiedergutzumachenden Schaden zuzufügen. Wenn wir nicht so schnell wie möglich etwas unternehmen, dann steht es schlecht um unsere Zukunft – dann könnte die Erde bald ein für Menschen weitgehend unbewohnbarer Planet sein.

So widersprüchlich diese beiden Zukunftsaussichten auch erschei-

nen mögen, sie sind eng miteinander verbunden. Denn die großartigen Errungenschaften der Gegenwart – das, was unser Leben länger, besser und aufregender macht – haben auch eine andere Seite, und die ist gar nicht großartig. Um all das Positive zu erreichen, beuten wir Menschen nämlich die Ressourcen der Erde aus, bis keine mehr da sind. Wir vernichten die Lebensräume zahlloser Tier- und Pflanzenarten und verursachen damit ein weltweites Massenaussterben. Wir befischen die Meere so intensiv, dass der Bestand an großen Speisefischen um fast neunzig Prozent zurückgegangen ist. Wir setzen Unmengen an Giftstoffen in der Landwirtschaft ein, um die Erträge zu steigern, und töten damit nicht nur schädliche Pflanzen und Insekten, sondern auch nützliche. Wir produzieren unaufhörlich Plastik, das über die Flüsse in die Meere geschwemmt wird und sich dort in Mülltteppichen so groß wie Kontinente sammelt. Und wir verändern das Klima auf der Erde, indem wir die Atmosphäre mit schädlichen Gasen anreichern, und nehmen damit katastrophale Folgen wie den Anstieg des Meeresspiegels, Hitzewellen, Dürren und Überschwemmungen in Kauf.

Wir Menschen sind dabei, der Welt, in der wir leben, einen nicht wiedergutzumachenden Schaden zuzufügen.

Zugegeben, das klingt wie ein Albtraum oder hört sich nach einem Katastrophenfilm an. Es ist aber leider die Wirklichkeit, die Nachrichten sind voll davon. Und wenn man aus dieser Perspektive in die Zukunft blickt, sind die Aussichten weniger faszinierend, sondern beängstigend. Denn die Befunde der Wissenschaft sind eindeutig: Wenn wir Menschen so weitermachen wie bisher, werden Mitte des Jahrhunderts mehr Plastikteile als Fische in den Meeren schwimmen. Unzählige Tier- und Pflanzenarten wird es nicht mehr geben (davon etliche, von denen wir nie wissen werden, dass es sie je gegeben hat, da wir sie noch gar nicht entdeckt haben). Und die vom Menschen verursachte Veränderung des Klimas könnte dazu führen, dass wir auf dem Planeten Erde nicht mehr so leben können, wie wir es gerade tun, denn unsere Zivilisation ist auf ein einigermaßen stabiles Klima angewiesen. Kurz gesagt: Wenn wir so weitermachen wie bisher, dann wird die Welt in der zweiten Hälfte des 21. Jahrhunderts nicht nur ein beunruhigender, sondern ein schrecklicher Ort sein.

Das alles macht nicht nur Wissenschaftlern, sondern auch anderen Menschen rund um die Welt große Sorgen. Diese Sorgen veranlassen sie dazu, etwa unter dem Slogan »Ende Gelände« Kohlekraftwerke zu blockieren, damit diese ihre Produktion einstellen. Oder Bäume in Wäldern wie zum Beispiel den Hambacher Forst zu besetzen, damit diese nicht gerodet werden können. Oder Volksbegehren zu starten mit dem Ziel, bestimmte Tierarten zu schützen – wie »Rettet die Bienen!« 2019 in Bayern. Diese Sorgen waren es auch, die eine junge Schwedin namens Greta Thunberg 2018 dazu gebracht haben, jeden Freitag in den Schulstreik zu treten, um auf die drohende Klimakatastrophe aufmerksam

zu machen. Sie hat damit die weltweite Bewegung Fridays for Future gestartet, die dasselbe Motto hat, das sich auch die Jugendlichen auf die Fahnen geschrieben haben, die ihre Regierungen verklagen: »Wir sind hier, wir sind laut, weil ihr uns die Zukunft klaut!« Unter diesem Motto gingen am 20. September 2019 in Deutschland fast eineinhalb Millionen Menschen – vor allem Jugendliche, aber auch viele Erwachsene – auf die Straße und demonstrierten für mehr Klimaschutzmaßnahmen. Es war der größte landesweite Protesttag seit über fünfzig Jahren. Und als es wegen der Corona-Pandemie monatelang nicht möglich war, auf der Straße zu demonstrieren, verlegten die Aktivistinnen und Aktivisten von Fridays for Future ihren Protest kurzerhand ins Internet.

Wie gerade gesehen, haben diese Jugendlichen ganz offensichtlich auch einen guten Grund, sich um ihre Zukunft Sorgen zu machen. Eigentlich ist der Grund so offensichtlich, dass man sich fragen muss, wieso es überhaupt notwendig ist, dafür auf die Straße zu gehen oder vor Gericht zu ziehen. Eigentlich sollte man meinen, dass es nur *logisch* ist, etwas gegen die Zerstörung der Umwelt und die Klimakatastrophe zu unternehmen. Eigentlich sollte jeder von uns, ob jung oder alt, etwas dagegen unternehmen. Denn wenn wir so weitermachen, rasen wir gegen eine Wand, und der Aufprall wird sehr schmerzhaft sein. Eigentlich dürfen wir also auf keinen Fall so weitermachen.

Ja, eigentlich.

Die Realität ist jedoch, dass nicht alle Menschen auf die Straße gehen, um zu demonstrieren. Und auch nicht alle jungen Menschen. Tatsächlich gehen die meisten Menschen, ob jung oder alt, *nicht* auf die Straße, um zu demonstrieren, und sie besetzen auch keine Bäume und reichen keine Klagen ein. Die meisten Menschen wollen nämlich nichts davon hören. Womöglich machen sie sich Sorgen, wenn es um die Zerstörung der Umwelt geht, aber sie leiten daraus keine Notwendigkeit zum Handeln ab. Sie stehen morgens auf, gehen zur Arbeit (wenn sie Arbeit haben) oder in die Schule (wenn es dort, wo sie wohnen, eine Schule gibt) und gehen danach wieder nach Hause. Sie leben ihr Leben, wie sie es eben gewohnt sind.

Und das macht unsere Zeit insgesamt zu einer äußerst merkwürdigen Zeit. Während die Nachrichten voll von Warnungen und Aufforderungen sind, dass man ganz schnell »etwas gegen die Umweltzerstörung tun muss«, dass man »umdenken muss«, sonst »ist es zu spät«, und während Aktivistinnen wie Greta Thunberg inzwischen weltberühmt sind, geht es letztlich so weiter wie bisher, wird die Umwelt immer mehr zerstört. Es gibt vermutlich kaum einen Menschen auf der Welt, der nicht schon von der Veränderung des Klimas und ihren verheerenden Folgen gehört hat. Und es gibt inzwischen auch viele Menschen auf der Welt, die von diesen Folgen ganz konkret betroffen sind – einige Inselstaaten haben sich bereits an anderen Orten Land gekauft, um dorthin umzusiedeln, weil ihre Inseln infolge der Klimaänderung bald im Meer versinken werden. Unzählige Konferenzen zu diesem Thema wurden abgehalten und bedeutende internationale Vereinbarungen wie das Klimaabkommen von Paris geschlossen. Und doch hören wir einfach nicht damit auf, die Atmosphäre mit schädlichen Gasen vollzupumpen und damit das Klima zu verändern.

Wie kommt das?

Es gibt kein Wir

Um diese Frage zu beantworten, ist es notwendig, das Problem etwas genauer zu betrachten. Besser gesagt: etwas genauer zu betrachten, *wie* dieses Problem gerade beschrieben wurde.

Es hieß, dass »wir Menschen« die Ressourcen der Erde ausbeuten, dass »wir Menschen« unzählige Tier- und Pflanzenarten ausrotten, dass »wir Menschen« das Klima auf der Erde verändern. Und das ist ja auch gar nicht falsch. Zweifellos sind Menschen für all das verantwortlich. Ja, die von Menschen gemachten Veränderungen auf der Erde sind inzwischen so massiv, dass sich viele Wissenschaftlerinnen und Wissenschaftler sogar dafür aussprechen, der Zeit, in der wir leben, einen neuen Namen zu geben. Wir befinden uns, sagen sie, nicht mehr im Holozän, also in dem Zeitabschnitt, der vor etwa elftausend Jahren einsetzte, als die letzte Eiszeit zu Ende ging und sich die menschliche Zivilisation zu entwickeln begann. Sondern wir leben inzwischen im »Anthropozän«, dem »Zeitalter des Menschen« (*anthropos* ist das griechische Wort für Mensch).

Das Besondere daran ist, dass es sich beim Anthropozän nicht nur um irgendeine Epoche der menschlichen Geschichte handelt, so wie etwa die Antike oder das Mittelalter Epochen sind. Sondern um ein ganzes Erdzeitalter. Erdzeitalter wie zum Beispiel das Pleistozän, das vor 2,6 Millionen Jahren begann, bis zum Holozän andauerte und in dem die Landfläche der Erde bis zu einem Drittel mit Eis bedeckt war, erstrecken sich in der Regel über einen sehr, sehr langen Zeitraum, und die Wissenschaft ist ziemlich vorsichtig, wenn es darum geht, einen Zeitabschnitt zu einem Erdzeitalter zu erklären. Erst wenn man in Gesteinsablagerungen nachweisen kann, dass sich zu einer bestimmten Zeit in der Vergangenheit etwas grundsätzlich auf der Erde verändert hat, etwa durch eine Eiszeit, spricht man von einem neuen Erdzeitalter. Genau das soll der Begriff Anthropozän aussagen. Denn tatsächlich sind die Spuren menschlicher Aktivitäten inzwischen auch in Gesteinsschichten nachweisbar. Man findet dort Stoffe, die Menschen in die Umwelt ausgebracht haben, wie Blei, Betonreste und Plastik. Man kann auch das radioaktive Material messen, das bei den Atombombentests in den 1960er-Jahren im Pazifischen Ozean über die ganze Welt verteilt wurde. Noch in hunderttausend Jahren werden künftige Archäologen, wenn sie Ausgrabungen machen, diese Spuren entdecken, und genau deshalb sprechen heute viele Wissenschaftler von einem neuen Erdzeitalter, eben dem Anthropozän – dem ersten Zeitalter in der Geschichte der Erde, das von uns Menschen erzeugt wurde.

Tatsächlich sind die Spuren menschlicher Aktivitäten inzwischen auch in Gesteinsschichten nachweisbar.

Die Bezeichnung Anthropozän wurde unserer Zeit allerdings noch nicht offiziell verliehen. Wie für fast alles im Leben gibt es auch für die

Benennung von Erdzeitaltern eine zuständige Behörde, und die hat bisher noch keine endgültige Entscheidung darüber getroffen. Trotzdem begegnet man diesem Begriff ständig: in Büchern, im Internet, in Zeitungen, im Fernsehen, in Ausstellungen. Längst wird die Bezeichnung ganz selbstverständlich verwendet. Und wenn man sich vor Augen hält, was wir Menschen auf der Erde tun, ist das auch nachvollziehbar. Denn in gewisser Weise sind wir Menschen selbst zu einer Art Naturgewalt geworden – wie ein gigantischer Vulkanausbruch oder eine Eiszeit verändern wir die Welt, in der wir leben. Warum sollte man also kein Zeitalter nach uns benennen?

Mit dem Begriff Anthropozän ist allerdings ein großes Missverständnis verbunden. »Zeitalter des Menschen« ist eine ziemlich irreführende Bezeichnung, weil »der Mensch« oder »die Menschheit« oder dieses allumfassende »Wir«, von dem bisher die ganze Zeit die Rede war, gar nicht existieren.

Natürlich, wir verwenden diese Wörter, um unsere Spezies von anderen zu unterscheiden – also »Mensch« im Gegensatz zu »Katze« oder »Eiche« oder »Fliegenpilz«. Oder wenn sämtliche Menschen, die auf der Erde leben, gemeint sind – also »die Menschheit« oder eben »Wir«. Oft verwendet man diese Wörter auch, weil die Sprache keine bessere Alternative anbietet. Aber »der Mensch« tut oder denkt nicht etwas Bestimmtes, sondern Milliarden von Menschen auf der Erde tun oder denken jeweils etwas Bestimmtes, und das muss nicht unbedingt dasselbe sein.

Ganz im Gegenteil: Menschen sind sehr verschieden, das merken wir schon in der eigenen Familie oder im Freundeskreis. Menschen haben unterschiedliche Ziele, Meinungen, Hoffnungen, Ängste und Träume. Menschen glauben an ganz unterschiedliche Dinge und begreifen die Welt auf ganz unterschiedliche Weise. Es gibt die verschiedensten Arten von Menschen: Menschen, die viel Macht und Einfluss haben, und Menschen, die überhaupt keine Macht haben. Es gibt reiche und arme Menschen, kranke und gesunde, starke und schwache, junge und alte, kluge und dumme, brutale und sensible. Und so weiter. Was also soll eigentlich gemeint sein, wenn von »dem Menschen« die Rede ist? Was

zeichnet »den Menschen« aus, abgesehen davon, dass er oder sie wie ein Mensch aussieht?

Auch »die Menschheit« ist kein Begriff, mit dem man wirklich etwas anfangen kann. Denn die Menschheit ist keine Einheit, die zusammen entscheidet, was sie tut oder nicht tut. Die Menschheit hat keine gemeinsame Identität, sondern besteht aus zahllosen Völkern und Nationen, aus Gruppen und Ethnien, aus Glaubensgemeinschaften und Staatenbünden, die alle ihre jeweils eigene Identität haben. Zwar haben sich die Länder der Erde nach dem Zweiten Weltkrieg zu den »Vereinten Nationen« zusammengeschlossen, doch nur in ganz wenigen Fällen handelt diese »United Nations Organization« (UNO) auch wirklich vereint. Letztlich bestimmen die einzelnen Länder darüber, wie sie handeln, und wenn ein Land groß und reich ist, dann kann es Macht auf kleinere und ärmere Länder ausüben.

Wenn man unsere Zeit als das Anthropozän bezeichnet, dann ist damit also keineswegs gemeint, dass ein koordiniert handelndes Kollektiv – »der Mensch« oder »die Menschheit« oder »Wir« – den Planeten Erde auf eine bestimmte Weise verändert. Tatsächlich ist nämlich genau das Gegenteil damit gemeint: dass Milliarden von Menschen die Welt mit ihren unkoordinierten und unkontrollierten Aktivitäten in rasanter Geschwindigkeit verändern.

Hinter dem Tun der Menschen verbirgt sich kein gemeinsames Projekt. In den Jahrtausenden menschlicher Geschichte gab es nie einen Plan, der die gesamte Menschheit miteinander verbunden hätte, sondern jedes Volk oder jeder Staat oder jeder Staatenbund hat seine jeweiligen Entscheidungen getroffen. (Nationalstaaten, wie wir sie heute haben, gibt es ohnehin noch gar nicht so lange.) Doch jetzt, im 21. Jahrhundert, hat dieses unkoordinierte Handeln so dramatische Folgen, dass es die ganze Erde in Mitleidenschaft zieht und die Zukunft der Menschen bedroht, die ihr Leben in diesem Jahrhundert verbringen werden.

DER MENSCH oder DIE MENSCHHEIT oder WIR sind also ziemlich aufgeblasene Wörter, hinter denen ganz unterschiedliche Gesellschaftsformen stehen, die über ganz unterschiedliche Mittel verfügen, um

Macht auszuüben. Und in diesen verschiedenen Gesellschaftsformen wiederum versammeln sich ganz viele verschiedene Menschen mit unterschiedlichen Interessen und Einstellungen.

Genau das ist der Grund, warum der Begriff Anthropozän so missverständlich ist und warum Warnungen und Aufforderungen, »die Menschheit« solle endlich etwas gegen die Umweltzerstörung tun, so wenig bewirken. Denn nicht jeder hat ein Interesse daran, etwas gegen die Umweltzerstörung zu tun.

Zum Beispiel: Wenn ein Unternehmen oder auch ein ganzes Land von der Ausbeutung und Zerstörung profitiert, ist es nicht daran interessiert, damit aufzuhören. So schrumpft der Regenwald am Amazonas und in Südostasien immer mehr, weil Konzerne und die dortigen Länder mit dem Holz der Bäume und den durch die Abholzung entstehenden Anbauflächen hohe Profite machen. Dass sie damit der Erde insgesamt schaden, kümmert sie erst mal nicht besonders.

Oder: Wer wohlhabend ist und es sich leisten kann, viele Dinge zu kaufen, mehrere Autos zu besitzen und Fernreisen oder Kreuzfahrten zu machen, hat kein großes Interesse daran, etwas an diesem Lebensstil zu ändern, auch wenn dieser Lebensstil schädliche ökologische Auswirkungen hat. Er oder sie lebt ja schließlich sehr angenehm.

Oder: Wer, wie ganz viele Menschen auf der Welt, nicht genug Geld zum Leben hat und sich täglich fragen muss, wie er seine Kinder ernähren soll, dem ist die Umwelt oft ebenfalls nicht so wichtig. Diese Menschen wehren sich dagegen, wenn ihnen mit dem Argument, man müsse ökologische Schäden vermeiden, noch mehr Lasten, etwa in Form höherer Lebensmittelpreise, aufgebürdet werden.

Oder: Es gibt Menschen, zum Teil sehr mächtige und reiche Menschen, die sich überhaupt keine Sorgen um die Zerstörung der Umwelt oder die Veränderung des Klimas machen. Entweder weil sie leugnen, dass menschliche Aktivitäten tatsächlich für die Klimaänderung verantwortlich sind. Oder weil sie denken, dass sie sich mit all ihrem Geld ohnehin eine gute Zukunft kaufen können.

Und es gibt Menschen, die weder viel Geld noch Macht haben – und

trotzdem liegen ihnen die Erde und die Zukunft der Menschheit so sehr am Herzen, dass sie so viel Zeit und Energie wie nur möglich dem Kampf gegen die Umweltzerstörung widmen. Einige von ihnen setzen dafür sogar ihr Leben aufs Spiel.

Wir haben es also neben den vielen unterschiedlichen Interessen auch noch mit ganz unterschiedlichen Arten zu tun, wie Menschen die Umweltzerstörung überhaupt als Problem wahrnehmen, wie sensibel sie dafür sind, wie wichtig ihnen das alles ist. Das alles ist ein riesiges, völlig unübersichtliches Durcheinander aus Interessen und Absichten, aus Meinungen und Gefühlen, das in sämtlichen Bereichen der Gesellschaft zu Diskussionen und manchmal auch zu heftigen Konflikten führt – in der Politik, in Unternehmen, an Schulen, in Familien, manchmal sogar im Freundeskreis. Es wird zwischen Staaten ebenso diskutiert und gestritten wie zwischen Organisationen, Parteien und Generationen, und die Stimmen der Jugendlichen oder der Wissenschaftler sind nur zwei von sehr, sehr vielen Stimmen in diesen Auseinandersetzungen.

Wenn man allerdings genauer hinsieht, erkennt man in diesem riesigen Durcheinander etwas, was immer gleich ist – egal, welche Meinung jemand hat oder welche Interessen jemand vertritt.

Worum es wirklich geht

Um das zu erklären, kommen wir noch einmal zu den Klagen zurück, die Jugendliche rund um die Welt gegen ihre Regierungen, also gegen die Erwachsenen, einreichen. Sie tun das zum einen, weil das alles ja zutiefst unfair ist – weil Menschen über ihre Zukunft bestimmen, die von der Zukunft nicht mehr allzu viel mitbekommen werden, denn diese Menschen sind dann gar nicht mehr am Leben. Tatsächlich haben Jugendliche nur sehr begrenzte Mittel, über die Zukunft mitzubestimmen. In den meisten Ländern der Welt darf man unter achtzehn noch nicht einmal wählen, in vielen Ländern können Mädchen nicht zur Schule gehen, und auch vor Gericht können Jugendliche in der Regel nur ziehen, wenn sie dort von Erwachsenen vertreten werden.

Der Begriff »Natur« ist nämlich in all den Diskussionen und Konflikten, in all dem Durcheinander kaum mehr als ein leeres Wort.

Sie klagen aber auch noch aus einem anderen Grund: weil sie dabei zusehen müssen, wie die Zukunft vor ihren Augen immer kleiner wird, wie ihnen immer mehr Handlungsspielräume in der Zukunft genommen werden – wie ihnen die Zukunft im wahrsten Sinne des Wortes geklaut wird. Auch das hat es in der Geschichte der Menschheit noch nie gegeben, auch das ist etwas ganz Neues.

Es ist deshalb etwas Neues, weil es in diesen Diskussionen im Kern nicht darum geht, wie wir Menschen in der Zukunft miteinander klarkommen wollen – im Laufe der Menschheitsgeschichte hat es immer unterschiedliche Gesellschaftsformen gegeben und wird es wohl auch immer geben. Wenn von Ausbeutung und Zerstörung, von den Lebensgrundlagen der menschlichen Zivilisation und von der Bewohnbarkeit des Planeten Erde die Rede ist, geht es im Kern um etwas anderes.

Es geht um die Natur.

Vielleicht ist dir aufgefallen, dass dieser Begriff bisher noch nicht allzu oft verwendet wurde. Mit Absicht. Der Begriff »Natur« ist nämlich in all den Diskussionen und Konflikten, in all dem Durcheinander kaum mehr als ein leeres Wort. Obwohl es eigentlich das wichtigste Wort überhaupt sein sollte, denn wir reden von nichts anderem, wenn wir von der Erde, vom Klima, von Ressourcen, von Pflanzen und Tieren und auch von uns Menschen reden. Wir reden von der Natur.

Und das ist die Erklärung dafür, dass unsere Zeit eine so merkwürdige Zeit ist: Zwar wissen die meisten Menschen ganz genau, was auf der Erde geschieht, dieses Wissen führt jedoch nicht dazu, dass sich daran etwas ändert: weil die meisten Menschen die Natur kaum mehr wahrnehmen. Das ist die Folge einer Entwicklung, die zwar schon seit längerem im Gange ist, aber sich insbesondere in den letzten Jahrzehnten, also im Laufe von ein, zwei Generationen, rasant beschleunigt hat. Je stärker die Menschen die Natur beeinflusst haben, desto mehr haben sie verdrängt, dass es sie überhaupt gibt. Desto mehr sind sie zu der Überzeugung gelangt, dass die Natur gar nicht so viel mit ihnen zu tun hat.

Im ersten Moment klingt das etwas komisch, schließlich ist man doch tagein, tagaus mit dem Wort Natur konfrontiert. Ständig ist von Natur die Rede: im Fernsehen, in Büchern und Zeitschriften, in der Werbung, in der Politik. Aber in welcher Weise hat man *tatsächlich* mit der Natur zu tun? Welche Rolle spielt sie in unserem Leben? Für die meisten von uns ist die Natur etwas aus dem Biologie- oder Erdkundeunterricht. Vielleicht schauen wir auch gerne Naturdokumentationen, immerhin sind die Fernsehprogramme voll davon. Oder Filme wie *Ice Age* oder *König der Löwen*, in denen es ja auch irgendwie um die Natur geht. Oder kurze Clips auf YouTube, in denen Katzen auf Pferden reiten. Aber mit unserem täglichen Leben hat das alles eigentlich nichts zu tun. In unserem täglichen Leben spielt es keine große Rolle.

Und so ist es letztlich auch kein Wunder, wenn alarmierende Nachrichten über die Klimaänderung oder das massenhafte Aussterben von Tieren und Pflanzen bei den meisten Menschen keine Notwendigkeit zum Handeln erzeugten. Im Gegenteil: Je mehr Alarm geschlagen wird, desto zurückhaltender, ja, widerwilliger werden viele Menschen, wenn es darum geht, dass sie selbst etwas ändern müssen. Aus welchem Grund sollten sie das tun? Nur weil es ihnen irgendein Wissenschaftler sagt?

Die meisten Menschen – und wir, die Autoren dieses Buches, sind da keine Ausnahme – haben nämlich kein richtiges Wissen mehr über die Natur und kein richtiges Gespür mehr für sie. Sie können keine Bäu-

me benennen, wissen nicht, welche Pilze essbar und welche giftig sind, haben vergessen, wie gefährlich Hitze oder Kälte sein können. Ob nun ein bestimmtes Insekt ausstirbt, ob die Fische Plastik im Magen haben, ob wieder ein Stück Regenwald verschwindet, ob sich das Klima auf dem Planeten ändert – die meisten Menschen haben irgendwie mitbekommen, dass das alles nicht gut ist, aber sie haben keinen wirklichen Bezug dazu.

Im Laufe der Zeit haben sich Menschen und Natur immer weiter voneinander entfernt. Besser gesagt: Die Menschen *meinen*, dass sie sich von der Natur entfernt haben. Wie wir gleich sehen werden, können sich Menschen und Natur nämlich gar nicht voneinander entfernen. Und wie wir auch sehen werden, liegt in diesem »meinen« der tiefere Grund für die ganzen Probleme, die wir beschrieben haben. Und vielleicht auch die Lösung für diese Probleme.

Zu Beginn dieses Kapitels sagten wir, dass die Geschichte der Menschheit zwar eine Geschichte unaufhörlicher Veränderungen ist, dass es den Menschen jedoch sehr schwerfällt zu erkennen, welche Veränderungen in ihrer Zeit *wirklich* bedeutend sind und welche nicht. Genauso ist es auch jetzt, in unserer Zeit. Die erste Hälfte des 21. Jahrhunderts wimmelt nur so von Veränderungen. Fast jeden Tag hört man, dass irgendjemand wieder etwas Bahnbrechendes entdeckt oder erfunden oder entwickelt hat. Ständig kommen neue aufregende Produkte in die Läden. Unaufhörlich gibt es Meldungen aus Politik, Wissenschaft, Wirtschaft und Gesellschaft, die darauf hindeuten, dass sich die Welt in einem rasanten Wandel befindet.

Aber noch einmal die Frage: Was an diesen Ereignissen ist *wirklich* bedeutend? Ist es *wirklich* bedeutend, wenn die nächste Version eines Smartphones auf den Markt kommt? Oder wenn in der Schule plötzlich mit Tablets gearbeitet wird statt mit Stift und Papier? Oder wenn irgendein Politiker wegen eines Skandals zurücktritt? Natürlich ist vieles davon sehr wichtig, aber wenn man darüber nachdenkt, kommt man darauf, dass all das für unser Leben und unsere Zukunft letztlich gar nicht so bedeutend ist. Wir nehmen es jedoch als bedeutend wahr, weil es jetzt, in diesem Augenblick geschieht, weil wir unmittelbar damit konfrontiert sind.

Mit anderen Veränderungen dagegen sind wir nicht unmittelbar konfrontiert, sie geschehen nicht in diesem Augenblick, sondern vollziehen sich langsamer, schleichender, und sie sind scheinbar weit weg von uns. Das sind die Veränderungen in der Natur. Das *ist* die Natur. Das Aussterben der Arten, die Klimaerwärmung, die Verseuchung der Böden und vieles mehr – das alles geschieht auf eine Weise und in einer Geschwindigkeit, die die meisten Menschen im Alltag nicht wahrnehmen. Oder weil sie andere Ereignisse als wichtiger empfinden. Als beispielsweise im Frühjahr 2020 praktisch nur noch von der Corona-Pandemie die Rede war, nahm kaum jemand wahr, dass in Mitteleuropa gleichzeitig eine große Dürre herrschte und die Ackerböden austrockneten. Oder: Als 2019 gemeldet wurde, dass Giraffen in Afrika inzwischen zu den vom Aussterben bedrohten Tierarten zählen, waren viele Menschen völlig überrascht. Sie hatten angenommen, dass es auf der Welt noch ausreichend Giraffen gibt.

Und doch sind diese Veränderungen in der Natur, ob man es sich nun eingestehen will oder nicht, *wirklich* bedeutend. Das heißt: Sie haben dramatische Auswirkungen auf die Zukunft. Denn ohne die Natur gäbe es die menschliche Zivilisation überhaupt nicht. Ohne die Natur gäbe es überhaupt kein Leben auf der Erde. Ohne die Natur wärst du jetzt nicht hier, auf dem Planeten Erde, und würdest dein Leben leben.

Dieser Widerspruch – dass alles, was Menschen auf der Erde so machen, mit der Natur zu tun hat, und dass gleichzeitig die meisten Menschen meinen, die Natur hätte nichts mit ihnen zu tun – ist das grundsätzliche Dilemma, in dem wir uns in der ersten Hälfte des 21. Jahrhunderts befinden.

Immer mehr Menschen jedoch, vor allem junge Menschen, haben das Gefühl, dass die Natur *sehr viel* mit ihnen zu tun hat – mit ihrem Leben hier und jetzt und vor allem mit ihrer Zukunft. Sie erkennen mehr und mehr, dass die Menschheit eng mit der Natur, ja, mit der Erde als Ganzes verbunden ist. Sie begreifen, dass nichts das Leben im 21. Jahrhundert so sehr bestimmen wird wie die Frage, ob es gelingt, die Zerstörung und Ausbeutung der Natur zu beenden, und dass, wie es in dem Film *Spider-Man* so schön heißt, aus »großer Kraft große Verantwortung folgt«.

Aha, da haben wir also wieder diese aufgeblasenen Wörter: DIE MENSCHHEIT, DIE ERDE, DAS 21. JAHRHUNDERT. Und dann auch noch: GROSSE VERANTWORTUNG. Was fängt man damit nur an? Was kann ein einzelner Mensch überhaupt ausrichten, wenn es um die ganze Erde und die gesamte Menschheit geht? Und: Was heißt das eigentlich alles für *dich*?

Erst einmal nicht viel. Wir beginnen nämlich erst einmal mit einem gemütlichen Ausflug.

Und mit einer kleinen Übung.

2 // Was ist unser Problem mit der Natur?

»Denn in den Wäldern sind Dinge,
über die nachzudenken
man jahrelang im Moos liegen könnte.«

FRANZ KAFKA

Eine scheinbar einfache Frage

Die kleine Übung geht so: Setz dich hin und tu gar nichts. Allerdings gibt es für diese Übung eine Bedingung – dass du das draußen machst. Auf einer Wiese. In einem Wald. Auf einem Berg. An einem Fluss. An einem See. Am Meer. Wo auch immer, Hauptsache »raus in die Natur«, wie man so sagt. Dahin, wo keine Gebäude stehen, wo dir nicht ständig Menschen über den Weg laufen, wo keine Autos fahren. Wenn du an so einem Ort bist, setzt du dich hin. Schalte für eine Weile dein Handy aus. Und dann tust du, wie gesagt, erst einmal gar nichts.

Das heißt: Du schaust, du hörst, du riechst, du fühlst. Du tust das, was wir Menschen automatisch tun, wenn wir wach sind. Sonst nichts. Du musst noch nicht einmal an etwas Bestimmtes denken.

Vielleicht ist es dort, wo du bist, gerade Frühling. Bunte Blumen blühen, Vögel zwitschern in den Bäumen. Eine Ameise krabbelt über deinen Fuß. Bienen summen, über dir wölbt sich ein weiter blauer Himmel.

Vielleicht ist es auch Sommer. Schmetterlinge flattern um dich herum, Heuschrecken zirpen, die Luft flimmert vor deinen Augen. Das Gras unter deinen Füßen ist schon ganz gelb, und es sieht aus, als würde es bald ein großes Gewitter geben.

Vielleicht ist es Herbst. Die Erde riecht feucht und modrig, der Wind rauscht in den Bäumen und weht Blätter herunter. Auf den Wiesen und im Wald sprießen hier und da Pilze. Eichhörnchen flitzen herum und suchen nach Nahrung.

Oder vielleicht ist es Winter. Das Krächzen der Krähen tönt durch die kalte klare Luft. Die nackten Äste der Bäume ragen in den grauen Himmel. Schneeflocken wirbeln in dein Gesicht.

In welcher Jahreszeit du dich gerade auch befindest: Du schaust und hörst und riechst und fühlst. Und irgendwann – es spielt keine Rolle, ob nach zwanzig Minuten oder nach einer Stunde oder nach einem halben Tag – stellst du dir folgende Frage: Was ist das eigentlich, was ich da sehe, höre, rieche, fühle? Das Zwitschern der Vögel im Frühling, das Flimmern der Luft im Sommer, die feuchte Erde im Herbst, die Schneeflocken im Winter und so weiter – was ist das?

Klingt wie eine ziemlich einfache Frage. Denn bestimmt antwortest du gleich: Das ist eben Natur, was soll es sonst sein? Und die Antwort ist auch überhaupt nicht falsch. Aber gleichzeitig ist die Antwort auch nicht richtig. Oder anders gesagt: Wer genauer darüber nachdenkt, kommt bei dieser einfachen Frage in ganz schöne Schwierigkeiten.

Niemand weiß, was Natur genau bedeutet

Frag mal deine Freunde oder deine Eltern, wie sie »Natur« definieren würden. Die Antwort, die du vermutlich am häufigsten zu hören bekommst, geht etwa so: »Die Natur, das sind die Wälder und Seen, die Berge und das Meer, die wilden Tiere und Pflanzen. All das, was sich da draußen, außerhalb der Stadt befindet.« Diese Antwort ist nicht besonders überraschend, denn wenn Menschen »in die Natur« wollen, dann setzen sie sich ins Auto oder in einen Zug, manchmal auch aufs Fahrrad, und fahren aus der Stadt raus. Sie machen einen Ausflug »aufs Land« oder »ins Grüne«. Jedenfalls gilt das für die meisten Menschen, denn über die Hälfte der Weltbevölkerung lebt inzwischen in einer kleineren oder größeren Stadt.

Diese Definition von Natur ist also nicht überraschend. Aber ist sie, selbst wenn man sie so oft zu hören bekommt, auch überzeugend? Ist Natur ganz einfach das, was sich jenseits des Stadtrands befindet? Das kann eigentlich nicht sein, schließlich gibt es auch in Städten vieles, was man als Natur bezeichnen würde. Zum Beispiel die Parks oder die Gärten in den Hinterhöfen. Oder die Bäume am Straßenrand. Oder das Unkraut zwischen den Pflastersteinen. Oder die Tauben auf den Plätzen und in den Unterführungen. Oder die Eichhörnchen auf den Friedhöfen. Und das ist nur das, was wir sehen. Im Verborgenen wimmelt es geradezu vor Natur: Ratten und Mäuse flitzen durch die Kanalisation, Maulwürfe graben ihre Gänge unter den Wiesen, Moos wächst in U-Bahn-Tunneln, Ameisen errichten auf Spielplätzen ihre Kolonien.

Manchmal ist die Natur in einer Stadt sogar weitaus vielfältiger als auf dem Land, das die Stadt umgibt. In Berlin zum Beispiel gibt es inzwischen mehr Bienen und Fledermäuse als außerhalb der Stadt, weil die Flächen rund um Berlin landwirtschaftlich so intensiv genutzt werden, dass Bienen und Fledermäuse und etliche andere Tierarten dort kaum noch Nahrung finden. Im bekanntesten Berliner Stadtpark, dem Tiergarten, leben Waschbären, rund um das Kanzleramt hat sich ein Rudel Füchse niedergelassen, ja, in Berlin gibt es inzwischen so viele für Städte ungewöhnliche Tiere, dass die Stadtverwaltung sogar einen Wildtierbeauftragten hat. Und wer hätte gedacht, dass in Städten auch Tiere heimisch sein können, die man ganz weit weg von uns Menschen vermuten würde? So fühlen sich etwa Kojoten im Central Park in New York heimisch. Elche streifen durch skandinavische Vorortsiedlungen. In vielen indischen Großstädten leben Affen und im Stadtpark von Tel Aviv Schakalfamilien.

Wer hätte gedacht, dass in Städten auch Tiere heimisch sein können, die man ganz weit weg von uns Menschen vermuten würde?

Auch wir, die Autoren dieses Buches, wohnen in einer ziemlich großen Stadt: in München. Kojoten, Elche oder Affen hat man in München zwar noch nicht gesehen, dafür gibt es Schafe im Englischen Garten, Biber in den Isarauen, Fledermäuse in den Hochhaussiedlungen und sogar Rehe im Nymphenburger Schlosspark. Im Alltag bemerkt man das gar nicht so richtig, aber Studien haben ergeben, dass in München beinahe doppelt so viele Tierarten – vor allem Vögel und Insekten – vorkommen wie im Umland, ja, dass München inzwischen zur Heimat etlicher bedrohter Arten wie der Wechselkröte oder dem Gartenrotschwanz geworden ist, die es außerhalb der Stadt überhaupt nicht mehr oder kaum noch gibt.

Hält man sich diese Beispiele vor Augen, dann ist es tatsächlich nicht allzu sinnvoll, bei der Definition von Natur zwischen Stadt und Land zu unterscheiden. Also zählen wir die Tiere und Pflanzen in einer Stadt (übrigens auch die Pilze und Bakterien, die, wie wir später sehen werden, jeweils eine eigene Kategorie von Lebewesen bilden) eben auch mit zur Natur. Die Bäume am Straßenrand, die Eichhörnchen in den Parks, die Mäuse in der Kanalisation und so weiter und so fort – alles Natur.

Damit ergibt sich allerdings ein Problem. Denn nun sind mit Natur *sämtliche* Lebewesen gemeint, ganz gleich, wo sie sich gerade befinden. Zum Beispiel auch die Topfpflanze im Wohnzimmer. Oder die Goldfische im Aquarium. Oder die Katze, die nicht aus der Wohnung raus darf, weil sie sonst vom Auto überfahren wird. Aber irgendwie fühlt es sich komisch an, Topfpflanzen, Goldfische oder Wohnungskatzen als Natur zu bezeichnen. Was sich in einer Wohnung oder einem Haus, also drinnen, befindet, ist doch keine Natur, oder? Ist Natur nicht immer draußen?

Andererseits: Wenn eine Spinne in einer stillen Ecke der Wohnung ihr Netz baut – ist das dann wieder Natur? Oder wenn die Erdbeeren, die zu lange auf dem Küchentisch liegen, zu schimmeln anfangen – ist dann die Natur bei uns zu Besuch? Gehört der Vogel vor dem Fenster zur Natur – und der Vogel im Käfig nicht? Was ist mit Waschmaschinen, die sich als ideales Biotop für Pilze und Bakterien erweisen, obwohl sie die ja eigentlich beseitigen sollen? Und was ist mit den Millionen von mikroskopisch kleinen Lebewesen wie den Milben, die in unseren Matratzen und Sofas wohnen? Natur? Keine Natur? Irgendwas dazwischen?

Offensichtlich ist es genauso schwer, zwischen drinnen und draußen zu unterscheiden, wenn man über die Natur redet, wie zwischen Stadt und Land. Vielleicht schauen wir einfach mal im Lexikon (oder im Internet) nach. Dort findet man jede Menge Erklärungen von Natur. Aber so richtig hilft das leider nicht weiter, denn eine allgemeingültige Definition findet man eben nicht. Wer sich die zahlreichen Lexikoneinträge zum Stichwort Natur durchliest, ist am Ende verwirrter als vorher. Der Begriff wird in ganz unterschiedlichen und sich oft sogar widersprechenden Bedeutungen verwendet. Es scheint, dass sich die Wissenschaftler nicht darüber einigen können, was genau Natur ist und was nicht, und viele Fragen in diesem Zusammenhang sind ungeklärt.

Zum Beispiel folgende Frage: Umfasst Natur nur Lebewesen wie Tiere, Pflanzen, Pilze und Bakterien oder auch Unbelebtes wie Steine, Flüssigkeiten und Gase? Instinktiv verbindet man mit Natur ja das Lebendige, aber viele Menschen hätten keine Probleme damit, einen Berg ebenfalls zur Natur zu zählen.

Wenn Natur jedoch auch Unbelebtes umfasst, gehören dann der Weltraum und andere Planeten ebenfalls dazu? Oder ist Natur nur das, was sich auf unserem Heimatplaneten, der Erde, abspielt? Spontan würde man wohl sagen, dass mit Natur nur die Erde gemeint ist. Aber wenn man zum Beispiel im Physikunterricht über das Universum insgesamt redet, spricht man von Naturkräften und Naturgesetzen, die da draußen im Weltall gelten und nach allem, was wir wissen, genau dieselben sind wie auf der Erde.

Bedeutet das womöglich, dass überhaupt *alles* Natur ist? Schließlich ist alles im Universum aus denselben Grundbausteinen gemacht: aus Atomen. Pflanzen, Tiere, Pilze, Bakterien, Berge, Wasser, Luft, Steine, Wolken, Sterne, die anderen Planeten, du – das alles besteht aus Atomen. Ist deshalb also alles Natur? Das wäre ziemlich ulkig, denn dann wären auch Autos Natur. Und Straßen. Und Plastikverpackungen. Und Atomkraftwerke. Lauter Dinge, die man nie und nimmer mit dem Begriff Natur verbinden würde, denn jeder weiß doch, dass Autos, Plastikverpackungen und Atomkraftwerke der Natur eher schaden. Nein, *alles* ist offenbar nicht Natur. Aber damit haben wir immer noch nicht die Frage beantwortet, wie man Natur definiert.

Bedeutet das womöglich, dass überhaupt alles Natur ist? Das wäre ziemlich ulkig.

Tun wir also etwas, was oft hilfreich ist, wenn man bei einem Problem nicht so richtig weiterkommt. Nehmen wir uns unsere Sprache vor. Schauen wir uns an, *wie* wir das Wort Natur verwenden.

Das deutsche Wort Natur leitet sich vom lateinischen *natura* ab, dem wiederum das Verb *nasci* zugrunde liegt, was so viel wie »entstehen« oder »geboren werden« heißt. *Natura* hat zwei Bedeutungen. Einerseits bezeichnet es – ebenso wie das entsprechende griechische Wort *physis* – das, was ständig in Bewegung oder Veränderung ist: das Werdende oder das Gewordene.

Andererseits ist mit *natura* das innere Prinzip oder das innere Wesen eines Objekts gemeint, das die Beschaffenheit und die Entwicklung dieses Objekts bestimmt.

Das ist ein wichtiger Punkt, denn auch unser Wort Natur verwenden wir, wenn wir es im Alltag gebrauchen, in diesen zwei Bedeutungen. Einerseits bezeichnen wir damit alles, was einem unaufhörlichen Veränderungsprozess unterworfen ist, und zwar räumlich wie zeitlich: was also von sich aus entsteht, wächst, gedeiht und irgendwann wieder vergeht – eben Natur.

Andererseits sprechen wir von Natur, wenn wir ausdrücken wollen, dass sich ein Ding oder ein Lebewesen auf eine ganz bestimmte Weise verhält und dass man daran nichts ändern kann. Das meinen wir, wenn wir zum Beispiel sagen: »Das liegt in der Natur der Sache.«

Diese doppelte Bedeutung finden wir auch in dem von »Natur« abgeleiteten Wort »natürlich«. Wenn wir etwa sagen: »Das ist ein ganz natürlicher Vorgang«, meinen wir damit einen sich selbstständig vollziehenden Veränderungsprozess. Wenn wir dagegen sagen: »Natürlich ist das so«, dann wollen wir darauf hinweisen, dass es gar nicht anders sein kann.

Auf den ersten Blick haben die jeweils zwei Bedeutungen von »Natur« und »natürlich« nicht viel miteinander gemeinsam, aber wenn man darüber nachdenkt, merkt man, dass das Gegenteil der Fall ist: Sie haben sehr viel gemeinsam. In beiden Fällen drücken wir aus, dass es Dinge oder Lebewesen auf der Welt gibt, die »halt so sind«, die sich unabhängig von uns Menschen entwickeln oder verhalten.

Wir Menschen treffen ganz automatisch eine grundsätzliche Unterscheidung, wenn wir die Welt betrachten.

Wir Menschen treffen offenbar ganz automatisch eine grundsätzliche Unterscheidung, wenn wir die Welt betrachten: zwischen einem »natürlichen Ablauf«, nach dem sich etwas von allein in eine bestimmte Richtung bewegt, und einem »gewollten Ablauf«, nach dem etwas von uns in eine bestimmte Richtung gelenkt wird. Neben den Dingen und Lebewesen, die sich unabhängig von uns Menschen entwickeln, gibt es also aus menschlicher Sicht eine zweite Kategorie von Dingen und Lebewesen: jene, die sich so entwickeln und verhalten, wie wir Menschen es wollen.

Diese Unterscheidung hat dramatische Folgen. Seit wir sie getroffen haben, existiert nämlich eine Grenzlinie zwischen Mensch und Natur. Auf der einen Seite gibt es das Reich der Natur, in dem sich alles unabhängig von uns entwickelt, und auf der anderen Seite das Reich des Menschen, in dem sich das von uns Beeinflusste und Gemachte befindet. Wir haben sogar ein Wort erfunden, um diese Grenzlinie zu verdeutlichen, sozusagen einen Gegenbegriff zu Natur: Kultur.

»Kultur« leitet sich ebenfalls aus dem Lateinischen ab, wobei *cultura* früher nicht für künstlerische Betätigungen wie Malen, Musikmachen oder Tanzen stand, wie wir den Begriff Kultur heute in aller Regel verwenden. *Cultura* stand für Bearbeitung, Pflege oder auch Ackerbau, also für alles, was der Mensch selbst gestaltet und hervorbringt. Diese ursprüngliche Bedeutung ist auch heute noch erkennbar. Wenn man etwa von einer »Kulturlandschaft« spricht, meint man ein Stück Natur, das wir Menschen nach unseren Vorstellungen verändert und bewirtschaftet haben. (Übrigens steckt das sogar schon im Wort »Landschaft« selbst, dessen zweite Hälfte *-schaft* auf das Wort »schaffen« zurückgeht.) Oder wenn jemand »Kulturpflanzen« anbaut, dann geht es um Pflanzen wie Mais, Weizen oder Reis, die erst entstanden sind, als der Mensch wilde Pflanzen gezielt ausgewählt und miteinander gekreuzt hat, und die ohne unsere regelmäßige Aussaat wieder verschwinden würden. Würden alle Menschen schlagartig aussterben, gäbe es nach einigen Jahren auch keinen Weizen mehr.

Haben wir jetzt vielleicht doch eine Antwort auf die Frage gefunden, was Natur ist? Ein Gebirge oder ein Ozean oder auch ein Tiger irgendwo im Dschungel wären demnach Natur, weil wir Menschen ihre Entwicklung nicht beeinflussen und weil es sie schon lange vor uns gab. Was wir Menschen dagegen verändert oder gemacht haben, zum Beispiel die Felder oder Gärten oder Parks, und was es ohne uns nie gegeben hätte, also alles Künstliche, Technische, Synthetische wie Brillen oder Autos oder Computer, wäre Kultur, wäre Teil des Reichs des Menschen.

Das klingt irgendwie einleuchtend, oder? Ist jetzt alles klar? Leider nicht. Oder anders ausgedrückt: An dieser Stelle fangen die Schwierigkeiten erst so richtig an.

Gibt es überhaupt noch Natur?

Wenn man es nämlich so betrachtet, würden Hunde gar nicht zur Natur gehören. Und damit sind nicht nur jene Hunde gemeint, die sich die meiste Zeit in einer Wohnung aufhalten und mit denen ihre Besitzer zweimal am Tag Gassi gehen. Sondern das Lebewesen Hund an sich. Denn wenn es keine Menschen gäbe, gäbe es auch keine Hunde – wir Menschen haben den Hund erschaffen, als wir damit begonnen haben, Wölfe zu zähmen. Das ist schon Zehntausende von Jahren her, zu lange, als dass man genau sagen könnte, wie sich diese Annäherung von Mensch und Wolf abgespielt hat. Sicher ist jedoch, dass es Hunde ursprünglich auf der Erde nicht gab. Alle unterschiedlichen Hunderassen wie Dackel, Beagle, Schäferhunde, Bernhardiner, Labradore und so weiter, die heute existieren, sind das Ergebnis menschlicher Züchtungen. Wir haben den Hunden sogar das Bellen angezüchtet, Wölfe bellen fast nie.

Haben wir Menschen alle Tiere »gemacht«, die in unserer Nähe leben? Nein. Katzen oder Pferde zum Beispiel gibt es schon weitaus länger als uns, und ihre wilden Vorfahren sahen schon vor Jahrtausenden mehr oder weniger so aus wie heute. Aber auch diese Tiere haben wir Menschen im Laufe der Geschichte verändert. Wir haben Rassekatzen und Rassepferde gezüchtet, die es ohne uns nie gegeben hätte. So wie wir aus dem Auerochsen in einem jahrhundertelangen Prozess die Kühe erschaffen und sie dazu gebracht haben, immer mehr Milch zu geben. Heutige Kühe produzieren viel mehr Milch, als ihre Kälber benötigen würden.

Heißt das also, dass Katzen, Pferde und Kühe an sich zwar zur Natur gehören, die von uns gezüchteten Katzen- und Pferderassen und die heutigen Hochleistungskühe aber nicht? Und heißt das, dass die Lebensform Hund, die es ohne uns gar nicht geben würde, insgesamt nichts mit Natur zu tun hat? Das hört sich ziemlich seltsam an.

Noch seltsamer wird es, wenn wir uns andere Beispiele ansehen. Etwa die Wälder der Erde. Die allermeisten von ihnen wurden im Laufe

der Menschheitsgeschichte wegen des Holzes mehrmals vollständig gerodet und immer wieder aufgeforstet. Im europäischen Flachland beispielsweise gibt es außer einem kleinen Fleckchen weit im Osten Polens gar keinen Primärwald mehr, also einen Wald, wie er ursprünglich einmal war. Alles, was wir Wald nennen, wurde auf die eine oder andere Weise vom Menschen gestaltet, ein Prozess, der sich, da die meisten Bäume sehr langsam wachsen, über viele Jahrhunderte erstreckte.

Und so stehen auf den europäischen Waldflächen ganz viele Baumarten, zum Beispiel Fichten, die es dort in diesem Ausmaß »natürlicherweise« gar nicht geben würde. Genauso wie etliche Tiere, die heute in unseren Wäldern leben, dort früher nicht vorkamen, jedenfalls nicht in dieser Anzahl. Dass sich in Deutschland so viele Hirsche, Rehe und Wildschweine tummeln, liegt einzig und allein daran, dass sie außer uns Menschen praktisch keine natürlichen Feinde wie Luchse, Bären oder Wölfe mehr haben. Die nämlich haben wir schon vor langer Zeit verdrängt. (Erst seit kurzem kehren sie in kleiner Zahl wieder zurück, und das auch nur, weil die Menschen es ihnen erlauben.) Bedeutet das also, dass der ganze Wald in Europa inklusive seiner pflanzlichen und tierischen Bewohner keine Natur ist?

Oder die Flüsse. Wenn man sich an einen Fluss setzt, ob in der Stadt oder auf dem Land, dann wäre man in den allermeisten Fällen ebenfalls nicht in der Natur. In Europa oder den USA gibt es praktisch kein größeres fließendes Gewässer mehr, dessen Lauf nicht von Menschen zum großen Teil oder sogar vollständig verändert wurde, das sie nicht begradigt, einbetoniert oder aufgestaut haben. In München machen wir sehr gerne einen Spaziergang an der Isar entlang und fühlen uns dabei »in der Natur«. Ist das womöglich nur eine Illusion?

Hunde, Wälder, Flüsse und so vieles andere, was der Mensch in seiner Geschichte »gemacht« und beeinflusst hat – das alles ist also keine Natur? Wenn das so wäre, dann müsste man sich die Frage stellen, ob überhaupt noch irgendetwas auf der Erde Natur ist.

Denn »Natur pur«, also ursprüngliche, unberührte, freie Natur, gibt es auf unserem Planeten nur noch sehr selten. Wir Menschen haben der Erde unseren Stempel aufgedrückt, und zwar gründlich. Wo es einst auf der jeweils von der Sonne abgewandten Seite der Erde dunkel war, sieht man heute riesige Lichtflecken – Großstädte, die so hell wie Sterne

leuchten und die Nacht zum Tag machen. Wo einst scheinbar endlose grüne Flächen waren, sind nun schachbrettartige Muster zu erkennen – die Regenwälder, die wir immer weiter roden und in Felder und Äcker aufteilen. Wo einst die Küsten vom Meer geformt wurden, sieht man jetzt vom Menschen geschaffene geometrische Strukturen – es gibt inzwischen sogar künstliche Inseln in Form von Palmen.
Wo sich einst Wüsten erstreckt haben, sprenkeln jetzt künstlich bewässerte, kreisrunde Felder die Ebenen. Wo einst Wälder, Moore und Flüsse das Land prägten, wird es heute von einem engmaschigen Netz aus Straßen, Schienen und Brücken, aus immer weiter wachsenden Städten und Siedlungen dominiert. Und wo einst unzählige wilde Tiere das Land bevölkerten, leben heute vor allem unsere Nutz- oder Haustiere – von allen Säugetieren, die es auf der Erde gibt, sind nur noch drei Prozent Wildtiere.

Denn »Natur pur«, also ursprüngliche, unberührte, freie Natur, gibt es auf unserem Planeten kaum mehr.

Eigentlich ist das ja eine unglaubliche Geschichte. Wir Menschen haben im Laufe der Zeit über drei Viertel der festen Landmasse des Planeten verändert. Wir haben an so unwirtlichen Orten wie dem Mount Everest, dem höchsten Punkt der Welt, und dem Marianengraben, dem tiefsten Punkt der Welt, unsere Spuren hinterlassen. Mit unserem Handeln verändern wir das Klima und damit den Ablauf der Jahreszeiten. In Mitteleuropa etwa beginnt der Frühling inzwischen fast drei Wochen früher als vor fünfzig Jahren. Und wir beeinflussen fast alle tierischen und pflanzlichen Lebewesen auf der Erde. Indem wir ihren natürlichen, das heißt, ihren angestammten Lebensraum verändern, sind sie gezwungen, sich den neuen, von Menschen geschaffenen Bedingungen anzupassen oder sich einen anderen Lebensraum zu suchen. Was in den meisten Fällen leider nicht funktioniert – viele Lebewesen sterben aus, wenn Menschen ihre natürlichen Lebensbedingungen verändern.

Folgt man also der von uns Menschen vorgenommenen Unterscheidung zwischen dem Reich der Natur und dem Reich des Menschen, zwischen Natur und Kultur, dann erübrigt sich die Frage, was Natur eigentlich ist. Denn dann kommt man zu dem Ergebnis, dass inzwischen fast alles auf der Erde Kultur ist, dass fast alles zum Reich des Menschen gehört und es praktisch keine Natur mehr gibt. Und dann ist eine Bezeichnung wie Anthropozän – das »Zeitalter des Menschen« – auch völlig logisch.

Aber so einfach ist es nicht.

Mensch und Natur – eine komplizierte Beziehung

Schon die Tatsache, dass wir die Frage »Was ist eigentlich Natur?« nicht genau beantworten können, weist darauf hin, dass wir Menschen ein weit komplizierteres Verhältnis zur Natur haben, als wir oft meinen. Wenn wir nämlich genau wüssten, was Natur ist, dann könnten wir damit auch viel besser umgehen, ja, dann gäbe es vielleicht auch nicht so viel Streit um die Natur. Aber die Natur ist eben nicht immer die Natur. Anders ausgedrückt: Die Natur hat sich im Laufe der menschlichen Geschichte immer wieder verändert.

Damit ist nicht gemeint, dass sie sich selbst verändert hat – das tut sie ohnehin ständig. Sondern der menschliche *Blick* auf die Natur, das menschliche *Verständnis* von Natur haben sich immer wieder verändert.

Unsere Vorfahren in der Steinzeit zum Beispiel. Sie wären ziemlich verwirrt gewesen, hätte man ihnen gesagt, dass es so etwas wie »die Natur« gibt, also etwas, das sich von der Welt, in der sie lebten, in irgendeiner Weise unterschied. Denn ihre Welt *war* die Natur – alles, was sie taten und dachten, richtete sich in der einen oder anderen Form nach Geschehnissen in der Natur. Da es keine schriftlichen Aufzeichnungen aus dieser Zeit gibt, wissen wir nicht, welche Vorstellungen sie genau von der Natur und von sich selbst hatten, aber die Malereien, die sie etwa in Höhlen hinterlassen haben, deuten darauf hin, dass sie die Natur als etwas Magisches sahen und sich selbst als festen Teil davon.

Auch im antiken Griechenland, also in jener Zeit, in der man sich erstmals über die Stellung des Menschen in der Welt so richtig den Kopf zerbrach, gab es noch keinen Begriff von der Natur, wie wir ihn heute haben. Man sprach von vielen einzelnen »Naturen« in Form von Bäumen, Flüssen oder Bergen, die jeweils göttliche Wesen darstellten, und diese Götter wiederum bildeten das Fundament der antiken Weltordnung. Man begann sich jedoch langsam auch dafür zu interessieren, die Pflanzen und Tiere näher zu beschreiben, und entwarf eine Hierarchie des Lebendigen.

Das Naturverständnis veränderte sich stark mit dem Aufkommen des Christentums. Im christlichen Mittelalter wird die Welt insgesamt – und damit die Natur und alles, was sich darin befindet – als Schöpfung Gottes angesehen. Die Natur selbst hat keinen eigenen Wert mehr, sie ist dem Menschen, der sich als Ebenbild Gottes versteht, anvertraut, er solle sie sich, wie es in der Bibel heißt, »untertan machen«. Obwohl in der Bibel ebenso steht, dass der Mensch die »Schöpfung bewahren« solle, ist das Christentum über viele Jahrhunderte lang von einer großen Distanz zur Natur geprägt – denn die Welt, in der wir leben, ist nach christlichem Glauben eine Welt nach dem Sündenfall und damit keine dauerhafte Welt, sondern eine, die »erlöst« werden muss.

Ein ganz neuer Begriff von Natur entstand dann im 17. Jahrhundert mit den Naturwissenschaften, wobei in diesem Wort schon das Neue zum Ausdruck kommt: Natur wurde nun als etwas gesehen, das man durch Beobachtung und Experimente wissenschaftlich erforschen kann. Warum entwickelt sich eine Pflanze genau so und nicht anders? Warum verhält sich ein Tier auf eine bestimmte Weise? Wie bildet sich Regen? Woraus besteht Wasser? Auf diese und unzählige andere Fragen wollte man Antworten finden. Die Natur wurde zum Studienobjekt. Und dabei ging es nicht nur darum, sie zu verstehen, sondern auch darum, sie zu kontrollieren. Wie René Descartes, einer der einflussreichsten Denker jener Zeit, es ausdrückte, sollte sich der Mensch »mittels wissenschaftlicher Erkenntnisse zum Besitzer und Beherrscher der Natur erheben«.

In dieser Zeit wurden die unterschiedlichen Fächer eingeführt, wie sie auch heute noch an den Schulen und Universitäten unterrichtet werden: Physik, Chemie, Biologie, Geologie – eben die Naturwissenschaften. Die Wissenschaft allerdings, die wir heute am allermeisten mit Natur verbinden, die Ökologie, wurde erst viel später erfunden, im 19. Jahrhundert, als man nämlich erkannte, dass Biologie, Physik, Chemie und Geologie nicht unabhängig voneinander sind, sondern miteinander zusammenhängen. Man erkannte, dass es so etwas wie einen »Haushalt der Natur« gibt, zu dem die Lebewesen genauso gehören wie das Wasser, die Luft und alle anderen unbelebten Elemente. *Oikos* ist griechisch für Haushalt, und *logos* heißt Lehre, Ökologie ist also die »Lehre vom Haushalt«.

Die Natur als Studienobjekt – dieses Bild haben vermutlich ganz viele von uns im Kopf. Es ist das Bild eines großen Räderwerks, in dem alles übersichtlich geordnet ist und ineinandergreift, wo alles nach ganz bestimmten Regeln und Gesetzen funktioniert und jedes Lebewesen, ob Tier oder Pflanze, Pilz oder Bakterium, den ihm zugewiesenen Platz einnimmt und seine spezifische Funktion erfüllt. Wenn Wissenschaftler im Dschungel nach einer seltenen Affenart suchen, im Ozean das Verhalten von Haien erforschen oder auf einer Wiese Ameisen oder Pilze studieren, dann haben sie dieses Bild von Natur im Kopf. Genau wie die Fernsehzuschauer, wenn sie Sendungen wie *Faszination Erde*, *Wildes Deutschland*, *Unser Planet* oder *Die Reise der Pinguine* sehen. Und auch Schülerinnen und Schüler begreifen Natur auf diese Weise, wenn sie im Unterricht etwas über das Klima auf der Erde, die Evolution, die chemischen Elemente oder die Grundeigenschaften von Lebewesen lernen.

Die Natur als Studienobjekt – dieses Bild haben vermutlich ganz viele von uns im Kopf.

Aber auch wenn das Bild von der Natur als Studienobjekt heute sehr weit verbreitet ist, ist es nicht das einzige Bild, das sich Menschen von ihr machen. Im Gegenteil: Es gibt noch ganz viele andere Arten, die Natur zu verstehen.

Zum Beispiel die Natur aus dem Blick von Abenteurern, die es sich in den Kopf gesetzt haben, einen Berg zu erklimmen, eine Wüste zu durchqueren oder allein über ein Meer zu segeln. Sie sehen die Natur nicht als Studienobjekt, sondern als Herausforderung. Für sie ist Natur eine unberechenbare, gefährliche Welt fernab der menschlichen Zivilisation, in der sie sich beweisen müssen. Wenn Abenteurer an Natur denken, haben sie das Bild einer Wildnis im Kopf, also eines Ortes, den wir Menschen nicht gestaltet und unseren Bedürfnissen angepasst haben, sondern wo noch alles so ist, wie es war, bevor wir Menschen gekommen sind. (Etwa die Antarktis oder manche Regionen im Osten Russlands, aber wie erwähnt, gibt es nur noch wenige solche Orte auf der Erde.)

Einen ganz anderen Begriff von Natur hat dagegen ein Künstler. Für einen Maler zum Beispiel, der sich mit seiner Leinwand auf eine Wiese stellt und die Pflanzen und Tiere malt, die er da sieht, ist Natur weder ein Studienobjekt noch eine Wildnis, sondern etwas Erhabenes, Schönes oder vielleicht auch Erschreckendes. Manchmal malt er die Natur einfach nur ab, manchmal verbindet er das, was er sieht, mit dem, was er beim Betrachten der Natur empfindet. Auf den berühmten Naturbildern von Franz Marc oder Vincent van Gogh kann man die Pflanzen und Tiere oft gar nicht so genau erkennen, denn sie haben andere Farben und Formen als in der Realität oder verschmelzen mit dem jeweiligen Hintergrund. Marc etwa malte die Pferde blau, um zu zeigen, dass sie eine Seele haben.

Sieht ein Unternehmer oder ein Landwirt in der Natur ebenfalls etwas Erhabenes? Vermutlich nicht, denn ihm geht es ja in erster Linie darum, die Natur nutz- und verwertbar zu machen. Seine Aufgabe ist es, die Felder zu bestellen und abzuernten. Oder Öl aus der Erde zu fördern und zu Benzin und Plastik weiterzuverarbeiten. Oder Bäume zu fällen und aus ihrem Holz Möbel und Papier zu machen. Für einen Unternehmer ist Natur vor allem ein riesiges Lager von Ressourcen, das man ausbeuten und zu Geld machen kann. Diese Ressourcen können unbelebt sein – Rohstoffe wie Öl, Kohle oder Gas oder seltene Gesteine und Mineralien. Sie können aber auch lebendig sein – wie unsere Nutzpflanzen und Nutztiere, wobei schon in der Worthälfte *Nutz-* zum Ausdruck kommt, dass es hier darum geht, aus der Natur eine Vielzahl von Produkten zu machen.

Es gibt aber auch Menschen, die in der Natur keine Produkte sehen, sondern das genaue Gegenteil: etwas prinzipiell Schützenswertes. Diese Menschen wollen die Natur nicht ausbeuten, sondern so bewahren, wie sie ist. Sie haben große Ehrfurcht vor der Natur und gehen im Kampf für deren Bewahrung oft persönliche Risiken ein. Manche von ihnen halten die Natur sogar für etwas Heiliges, für eine verzauberte Welt, wie man sie aus Sagen und Mythen kennt. Andere lieben die Natur auf dieselbe Weise, wie sie einen anderen Menschen lieben – dafür gibt es sogar ein Wort: Biophilie, die Liebe zu allem Lebendigen.

Und dann sind da noch die Menschen, die in der Natur vor allem einen Ort sehen, wo sie ihre Freizeit verbringen und sich von ihrem stressigen Arbeitsalltag erholen. Vermutlich sind das die meisten von uns. Wir machen einen Waldspaziergang, fahren mit dem Fahrrad einen Fluss entlang, bewundern im Urlaub ein Naturschauspiel wie den Grand Canyon oder das Polarlicht und machen ein Selfie vor einem spektakulären Naturhintergrund. Und dann fahren oder fliegen wir wieder nach Hause.

Aber wie unterschiedlich unsere Sichtweisen auf die Natur auch sein mögen, ist nicht der entscheidende Punkt. Der entscheidende Punkt ist die Tatsache, dass wir Menschen ganz unterschiedliche Sichtweisen auf die Natur haben *können*. Und zwar jeder Einzelne von uns – je nachdem, welche Rolle wir in der Gesellschaft einnehmen, welchen Aspekt der Natur wir als besonders wichtig empfinden, in welcher Beziehung wir zur Natur an einem bestimmten Punkt unseres Lebens stehen.

So sehen eben einige in der Natur etwas Faszinierendes und Schönes, andere dagegen etwas Brutales und Unbarmherziges. Für die einen ist die Natur wild und unberechenbar, für die anderen ist sie geordnet und erforschbar. Manche nehmen die Natur als gewaltig und übermächtig wahr, andere als gefährdet und zerbrechlich. Die einen fühlen sich schon in der Natur, wenn sie in ihrem Garten sitzen, für die anderen ist erst ein Urwald oder ein Gebirge Natur. Einige verbringen den ganzen

Tag vor dem Computer und wollen mit der Natur nichts zu tun haben, andere empfinden eine große Sehnsucht nach ihr und können gar nicht genug davon bekommen. Die einen haben Angst vor der Natur, die anderen werden traurig, wenn sie nicht in die Natur können. Einige wollen die Natur beherrschen, andere sehen in ihr etwas äußerst Wertvolles, etwas, das wir nicht antasten sollten. Die einen wollen »zurück zur Natur«, die anderen wollen die Natur immer mehr den menschlichen Bedürfnissen anpassen.

Diese unterschiedlichen Sichtweisen sind der Grund dafür, dass wir ganz unterschiedliche Interessen an der Natur haben und uns heftig um sie streiten. Jeden Tag, überall auf der Welt. Immer wieder geht es darum, dass die einen ein bestimmtes Stück Natur nutzen wollen, während es die anderen bewahren wollen. Lassen wir den Wald stehen, oder roden wir ihn, um Kohle abzubauen oder einen Flughafen zu bauen? Stauen wir den Fluss, um Strom zu erzeugen, oder lassen wir ihn frei fließen, damit Flora und Fauna dort unberührt bleiben? Manchmal findet man bei solchen Fragen einen Kompromiss, aber nicht sehr oft – meistens muss man sich für das eine oder für das andere entscheiden.

Und als wäre das nicht schon verwirrend genug, findet man nicht nur bei unterschiedlichen Menschen unterschiedliche Arten, die Natur zu betrachten, sondern auch ein einzelner Mensch kann mehrere und nicht selten widersprüchliche Perspektiven auf die Natur gleichzeitig einnehmen. Das kommt sogar ziemlich häufig vor.

Wissenschaftler beispielsweise können die Natur sowohl als Studienobjekt wie auch als Wildnis sehen, in der sie ein Abenteuer erleben – die Naturforscher des 19. Jahrhunderts waren alle zugleich auch Abenteurer, denn ihre Forschungsexpeditionen waren mit großen Gefahren verbunden. Ein Unternehmer, der einen Teil der Natur als Ressource ausbeutet, kann einen anderen Teil dafür nutzen, um sich von seiner Arbeit zu erholen – manche Unternehmer sind so reich, dass sie riesige Parkanlagen oder sogar Inseln besitzen. Es kommt auch vor, dass Menschen, die sich mit der Natur sehr eng verbunden fühlen, nur einen ganz bestimmten Ort (einen Wald oder einen Berg) oder nur ein ganz bestimmtes Tier (beispielsweise die Kuh im hinduistischen Glauben) als etwas Besonderes oder sogar Heiliges ansehen, während ihnen der Rest der Natur gar nicht so wichtig ist.

Auch in unserem Alltag wimmelt es von widersprüchlichem Verhalten. So gibt es viele Menschen, die die Natur eigentlich schützen wollen, indem sie sogenannte Natur-, Öko- oder Bioprodukte kaufen, Müll trennen oder Solaranlagen auf dem Dach installieren. Sie sehen in der Natur etwas prinzipiell Positives, lesen gerne Bücher über Bäume oder machen Urlaub in Naturhotels. Aber gleichzeitig tun sie Dinge, die der Natur schaden – sie fliegen häufig in ferne Länder, fahren ihre Kinder mit dem Auto zur Schule, werfen Essen weg oder kaufen jedes Jahr ein neues Smartphone.

Auch in unserem Alltag wimmelt es von widersprüchlichem Verhalten.

All diese verschiedenen Sichtweisen und Widersprüche sind der Grund dafür, warum man auf die scheinbar einfache Frage »Was ist Natur?« lauter Antworten erhält, die mehr zur Verwirrung als zur Klarheit beitragen. Natur ist eben kein festgefügtes wissenschaftliches Wort, sondern ein sich ständig verändernder Begriff, mit dem wir Menschen unser Verhältnis zur Welt, in der wir leben, immer wieder neu bewerten. Natur ist sozusagen ein politischer Begriff – was Natur ist, hängt davon ab, aus welcher Perspektive wir es betrachten, und es gibt eben ganz viele unterschiedliche Perspektiven.

Doch so unterschiedlich sie sind, sie haben alle eines gemeinsam.

Die nahe, ferne Natur

Sie haben gemeinsam, dass wir Menschen in all diesen Fällen die Natur *betrachten*. Dass wir sozusagen aus der Distanz einen Blick auf die Natur werfen und uns über sie Gedanken machen. Ganz so, als wäre die Natur ein von uns getrenntes Objekt. Als wäre sie ein Bild auf einer Leinwand. Oder die Kulisse in einem Theaterstück.

Um das nachzuvollziehen, hilft es, wenn wir uns noch einmal unsere Sprache vornehmen. Ständig hört man Sätze wie »In der Natur ist das so«, »Das können wir von der Natur lernen«, »Das gibt es in der Natur auch«, »Das tut der Natur gut« oder »Wir müssen auf die Natur Rücksicht nehmen«, als wäre die Natur eine Welt für sich, als hätte sie nichts mit uns zu tun. Für diese von uns abgetrennte Welt der Natur haben wir sogar ein Wort erfunden: Umwelt.

Umwelt – das ist ein wirklich spannender Begriff. Im Gegensatz zu dem Wort Natur ist er ziemlich neu und erst seit dem frühen 19. Jahrhundert gebräuchlich. Er kommt vom dänischen *omverden*, was so viel wie das »umgebende Land«, die »umgebende Welt« oder die »Außenwelt« heißt. In unserer Alltagssprache verwenden wir Natur und Umwelt mal so, mal so, als wäre es dasselbe. Manchmal sagen wir allerdings auch »Natur und Umwelt«, aber ob es wirklich einen Unterschied zwischen diesen beiden Begriffen gibt, darüber machen wir uns in der Regel keine großen Gedanken.

Schaut man sich das Wort Umwelt etwas genauer an, merkt man, dass es ein ziemlich genialer Begriff ist. Denn wenn wir Natur als Umwelt verstehen, dann machen wir damit einerseits unmissverständlich klar, dass wir Menschen kein Teil davon sind – sie ist ja »um uns herum«. Andererseits ist die Umwelt eine Welt, in die wir eingebettet sind – sie liefert die Luft, die wir atmen, das Wasser, das wir trinken, die Nahrung, die wir zu uns nehmen. Wir tun also prinzipiell gut daran, uns »umweltfreundlich« zu verhalten oder »Umweltschutz« zu betreiben.

Umwelt ist aber auch ein ziemlich irreführender Begriff. Wo verläuft die Grenzlinie zwischen »Welt« und »Umwelt«, zwischen uns und der Welt um uns herum? Wo fängt die Umwelt an? Und wo hört sie auf? Wissenschaftlich kann man diese Fragen nicht beantworten, aber Umwelt ist wie Natur auch kein wissenschaftliches Wort, sondern der Versuch, uns sprachlich von etwas abzugrenzen, wovon wir uns nicht abgrenzen können.

Denn genau das ist unser Problem mit der Natur. Wir empfinden sie als eine von uns losgelöste Welt und fragen uns unaufhörlich, wie wir mit dieser Welt umgehen und uns ihr gegenüber verhalten sollen – und das führt zu einer großen Verwirrung. Aber die Wahrheit ist: Wir können gar nicht mit ihr umgehen, wir können uns ihr gegenüber gar nicht verhalten.

Denn wir *sind* diese Welt.

Es gibt kein »Reich des Menschen«, in dem wir tun und lassen können, was immer wir wollen. In dem wir völlig unabhängig von allem sind, was sonst auf der Erde geschieht, und aus dem wir das, was früher einmal Natur war, ganz entfernt oder so stark verändert haben, dass wir es kontrollieren können. Es gibt keine Umwelt, es gibt nur eine Welt. Und es gibt auch kein Anthropozän, wenn damit gemeint sein soll, dass sich die Menschen die Natur vollständig angeeignet haben (das haben wir ganz und gar nicht) und dass sie alles über die Natur wissen (wir wissen nämlich sehr, sehr vieles nicht über die Natur).

Es gibt keine Umwelt, es gibt nur eine Welt.

Zwar ist nicht *alles* Natur, aber alle Lebewesen auf der Erde sind ganz bestimmt Natur, egal, wie groß oder klein sie sind, ob sie Arme, Flügel oder Flossen haben, ob sie Luft atmen oder Sauerstoff aus dem Wasser filtern, ob sie sich fortbewegen oder im Erdboden wurzeln. Das gilt für die Bäume im Regenwald ebenso wie für die Löwen in der Savanne, für die Haie im Meer ebenso wie für die Krähen in der Luft. Es gilt auch für die Katzen in der Wohnung, für die Eichhörnchen im Park, für die Topfpflanzen im Büro, für die Blumen am Fensterbrett und für die Milben in der Matratze.

Und es gilt auch für uns Menschen. Wir Menschen sind Bestandteil der Natur. Wir Menschen *sind* Natur. Das ist die Wahrheit.

Die Wahrheit ist aber auch, dass nur wenige Menschen das so sehen. Amerikanische Ureinwohner und andere indigene Völker sind seit jeher davon überzeugt, dass Menschen, Tiere und Pflanzen eine große, harmonische Einheit bilden, dass sie alle Kinder von »Mutter Erde« sind. Aber es gibt nicht mehr viele solcher Völker auf der Erde. Die allermeisten Menschen sträuben sich gegen den Gedanken, ein untrennbarer Teil alles Lebendigen zu sein. Und dieser Gedanke ist zugegebenermaßen auch nicht leicht nachzuvollziehen. Das, was du bei der kleinen Übung zu Beginn des Kapitels um dich herum gesehen, gehört, gerochen, gefühlt hast, die Wiese, die Vögel, der Wind, die Pilze, die Eichhörnchen, die Bäume, der Schnee und alles andere – *das bist du?* Ernsthaft?

Diese Sache schauen wir uns einmal näher an. Oder nein. Wir schauen sie uns einmal aus der Ferne an.

Aus dem Weltraum.

3 // Das große Ganze

»Hier leben wir, hier sind wir zu Hause und mit uns alle Menschen, die wir kennen und lieben. Hier durchleben wir unsere Freuden und Leiden – auf diesem Staubkörnchen, das im Sonnenlicht tanzt.«

CARL SAGAN

Der Blick von außen

Man muss keine lange Reise machen, wenn man die Welt, in der wir leben, verlassen will. Eine leistungsfähige Rakete bringt einen in gerade mal zehn Minuten ins Weltall, und wenige Stunden später – je nachdem, von wo aus man gestartet ist – kann man schon an der Internationalen Raumstation ISS andocken, die in rund vierhundert Kilometern Höhe alle neunzig Minuten einmal um die Erde kreist. Eigentlich ist das gar keine richtige Reise, sondern ein kurzer Ausflug. Aber was man während dieses Ausflugs sieht, raubt einem den Atem.

So jedenfalls beschreiben praktisch alle Astronautinnen und Astronauten, die in den vergangenen Jahrzehnten die Erde verlassen haben, jenen Moment, in dem sie zum ersten Mal unseren Planeten von oben sahen: als überwältigende Erfahrung, auf die man nicht vorbereitet ist. Natürlich wussten sie alle, wie die Erde von oben aussehen würde, schließlich gibt es schon seit langer Zeit Karten und Globen, auf denen die Meere und die Umrisse der Kontinente sorgfältig verzeichnet sind. Aber die in der Schwärze des Weltraums schwebende Erdkugel mit eigenen Augen zu sehen, ist etwas anderes. Es ist ein Moment des ungläubigen Staunens.

Vor allem deshalb, weil unser Planet einfach wunderschön ist. Viele der Astronauten hatten Bücher mit ins All genommen in der Annahme, sie würden sich auf der Raumstation langweilen. Aber fast keiner von ihnen hat ein Buch aufgeschlagen, weil sie jede freie Minute dafür genutzt haben, einfach nur auf die Erde zu blicken: auf den zartblauen, gewölbten Horizont, das tiefe, glitzernde Blau der Meere, das gelbliche Rot der Wüsten, das bräunliche Grün der Wälder und Steppen, das Zickzack der Küstenlinien, die hoch aufragenden Gebirgsketten, die funkelnden Eiskappen der Pole, die gigantischen Wolkenwirbel der Hurrikane. Die Erde ist ein Planet aus weiten Ebenen und breiten Flüssen, aus hoch aufragenden Bergen und tiefen Tälern, aus Gletschern und Vulkanen, aus Wäldern und Dschungeln, aus Wind und Stürmen. Vor allem aber ist sie ein Planet aus riesigen, im Licht der Sonne leuchtenden Ozeanen – wenn unsere Vorfahren gewusst hätten, dass zwei Drittel der Erde vom Meer bedeckt sind, hätten sie unsere Welt womöglich nicht »Erde« genannt, sondern »Wasser«.

Doch da ist noch etwas anderes, was die Erfahrung, die Erde als Ganze mit eigenen Augen von außen zu sehen, so emotional und überwältigend macht. Beim Anblick unseres Planeten – dieser blau-weißen, von einer hauchdünnen Luftschicht umhüllten Kugel inmitten des unermesslichen Kosmos – begreift man, dass die Erde noch mehr ist als ein atemberaubend schöner Planet aus Bergen und Wolken und Ozeanen. Sie ist unser Zuhause. Auch das wussten die Astronauten natürlich, bevor sie in den Weltraum aufgebrochen waren, schließlich hat kein Mensch sein Leben irgendwo anders als auf dem Planeten Erde verbracht. Aber manchmal wird einem erst, wenn man weg von zuhause ist, bewusst, wie sehr man dieses Zuhause liebt. Viele der Astronauten berichteten nach ihrer Rückkehr, dass sie sich dort oben auf der Raumstation mit der Erde und allem, was sich darauf befindet, tief verbunden gefühlt haben. Auch auf dieses Gefühl waren sie nicht vorbereitet gewesen.

Muss man also erst Astronaut werden, um zu erkennen, wie schön die Welt ist, in der wir leben? Muss man die Erde erst verlassen, um sich mit ihr verbunden zu fühlen?

Ein winziger blau-weißer Punkt

Das wäre sehr schade, denn nur die wenigsten von uns können Astronaut werden. Seit Beginn der Weltraumflüge, also seit den frühen 1960er-Jahren, haben weniger als sechshundert Astronauten, die meisten davon Männer, die Erde verlassen (wobei das eigentlich auch ganz schön viele sind, wenn man bedenkt, wie teuer und gefährlich so ein Flug in den Weltraum ist). Theoretisch haben jedoch alle Menschen die Möglichkeit, unseren Planeten von oben zu sehen. Die Astronauten machen nämlich regelmäßig Aufnahmen von der Erde und stellen sie ins Internet oder teilen sie über ihre Social-Media-Kanäle. Einige Jahre lang hat sogar eine Videokamera auf der ISS die Erde live gezeigt, also genau so, wie die Astronauten sie von dort oben sahen. Die Kamera wurde vor kurzem abgeschaltet, aber ihre Aufnahmen sind auf der Website der NASA immer noch abrufbar. Man kann also mit der ISS in eineinhalb Stunden einmal um die Erde schweben, zwar nicht in Echtzeit, doch es ist trotzdem eine großartige Erfahrung.

Andere Bilder zeigen die Erde aus größerer Entfernung. Während der Mondmissionen in den späten 1960er- und frühen 1970er-Jahren haben die damaligen Astronauten Fotos gemacht, auf denen die gesamte Erdkugel vor dem schwarzen Hintergrund des Alls zu sehen ist (von der ISS aus sieht man nur einen Teil unseres Planeten). Das berühmteste davon stammt aus dem Dezember 1968 und heißt *Earthrise*, weil es zeigt, wie die Erde über dem Mond »aufgeht«. Aus dieser Distanz betrachtet wird einem bewusst, wie klein und allein unsere Welt tatsächlich ist. Wenn man auf dem etwa vierhunderttausend Kilometer entfernten Mond steht und auf die Erde blickt, erscheint unser Planet nicht viel größer als eine Murmel, die durch die Dunkelheit des Weltalls rollt.

Aus dieser Distanz betrachtet wird einem bewusst, wie klein und allein unsere Welt tatsächlich ist.

Und schließlich gibt es noch Bilder der Erde von ganz weit weg, nicht von Menschen, sondern von unbemannten Sonden aufgenommen. Im Jahr 1990 war die Raumsonde *Voyager 1* rund sechs Milliarden Kilometer von der Erde entfernt und gerade am Saturn vorbeigeflogen, als sie ihre Kamera auf die Erde richtete, Fotos machte und zur Kontrollstation auf der Erde sendete. Diese Fotos zeigten unseren Heimatplaneten so, wie wir von der Erde aus andere Planeten des Sonnensystems – den Mars, die Venus oder den Jupiter – erkennen können: als winzigen, schwach leuchtenden Punkt im All. Der einzige Unterschied zu den anderen Planeten im Sonnensystem, den man aus so großer Entfernung ausmachen kann, ist die blaue Farbe der Erde. Wie gesagt, ist die Erde zu einem großen Teil von Wasser bedeckt, und dicke Wasserschichten haben die Eigenschaft, blaues Licht zu reflektieren. (Dasselbe gilt für die Luft, weshalb uns der Himmel von unten betrachtet ebenfalls blau erscheint.) In den Blauton der Erde mischt sich vom Weltraum aus betrachtet allerdings noch ein Anteil weiß, da unser Planet an einem normalen Tag etwa zur Hälfte von weißen Wolken bedeckt ist.

Von der Farbe abgesehen ist die Erde auf den Aufnahmen von *Voyager 1* jedoch nicht von den Abermilliarden anderen leuchtenden Punkten in der Weite des Alls zu unterscheiden. Der Ort, an dem sich die gesamte Menschheitsgeschichte ereignet hat, ist nicht mehr als ein winziger blau-weißer Punkt im Universum.

Diese Bilder, ob von der ISS, vom Mond oder von noch weiter weg, haben sich tief in das Bewusstsein der Erdbewohnerinnen und Erdbewohner eingegraben. So tief, dass mit diesen Bildern eine neue Ära in der Geschichte der Menschheit begonnen hat.

Das lag allerdings nicht daran, dass sie irgendwelche neuen bahnbrechenden, wissenschaftlichen Erkenntnisse erbracht hätten. Schließlich wissen die Menschen schon seit sehr langer Zeit, dass sie auf einem kugelförmigen Objekt beheimatet sind. Es stimmt nicht, dass ihnen erst mit Kolumbus' Reise nach Amerika klargeworden ist, dass die Erde keine Scheibe und in Wahrheit rund ist – diese Geschichte ist eine Erfindung einer viel späteren Epoche. Tatsächlich haben schon zweitausend Jahre vor Kolumbus griechische und römische Philosophen herausgefunden, dass die Erde kugelförmig ist. Sie konnten sogar ihren Durchmesser ziemlich genau berechnen. Dieses Wissen ging, wie es fälschlicherweise oft behauptet wird, im Mittelalter keineswegs verloren. Es gab im Laufe der Menschheitsgeschichte überhaupt nur ganz wenige

Menschen, die wirklich der Überzeugung waren, die Erde wäre flach. (Solche Menschen, sogenannte *flat-earthers*, gibt es übrigens heute immer noch. Sie behaupten, dass die ganzen Fotos und Filmaufnahmen unseres Planeten aus dem Weltraum Fälschungen sind.)

Von den alten Griechen stammt auch schon das Wort Planet, das sich von *planáomai* (»umherirren«) ableitet und so viel wie »Wanderer« bedeutet. Man meinte damit jene Himmelskörper, die scheinbar ziellos durch den Weltraum fliegen und die man von der Erde aus mit bloßem Auge erkennen kann.

Allerdings glaubten die meisten Menschen bis zum Ende des Mittelalters, dass die Erde nicht wie andere Himmelskörper einfach so durch den Weltraum fliegt, sondern dass sie im Mittelpunkt von allem steht, dass sich die Sonne und alle übrigen Planeten um die Erde drehen. Sämtliche Weltreligionen, ob Christentum, Islam, Hinduismus oder Buddhismus, sind ja zu einer Zeit entstanden, als man nicht im Traum daran dachte, man könnte unsere Welt jemals mit einem Raumschiff verlassen – die Erde stand im Zentrum jeglicher Weltbetrachtung, und die Möglichkeit, sie könnte nur ein gewöhnlicher Planet von vielen im Sonnensystem sein, erschien völlig abwegig.

Besonders vehement vertrat die katholische Kirche diese Ansicht von der Sonderstellung der Erde und damit der Menschheit. Aber schließlich konnte auch sie nicht mehr länger die Ergebnisse wissenschaftlicher Berechnungen – erst von Nikolaus Kopernikus im 16. und später von Galileo Galilei im 17. Jahrhundert – leugnen. Die hatten nämlich ergeben, dass die Erde ebenso wie die anderen Planeten um die Sonne kreist und nicht andersherum. In den darauffolgenden Jahrhunderten kamen noch viele weitere Erkenntnisse hinzu, die die Sichtweise der Kirche, dass die Erde im Kosmos einen besonderen Platz einnimmt, tief erschütterten. Man hat herausgefunden, dass unsere Sonne nur eine von Milliarden Sonnen in unserer Heimatgalaxis, der Milchstraße, ist, und die Milchstraße nur eine von Milliarden Galaxien in einem sich stetig ausdehnenden Universum. Und ganz aktuelle Beobachtungen zeigen sogar, dass es nicht nur in unserem Sonnensystem, sondern überall im

Weltraum Planeten gibt, die um eine Sonne kreisen. Das wusste man sehr lange nicht, weil Planeten im Gegensatz zu Sternen nicht von sich aus leuchten und sie sich deshalb nicht direkt beobachten lassen. Aber sie verraten sich unter anderem durch ihre Wirkung auf die zugehörige Sonne, die man inzwischen genau messen kann – eine Sonne flackert nämlich leicht, wenn ein Planet vorbeizieht.

Das alles haben wir Menschen herausgefunden, indem wir von der Erde aus den Sternenhimmel betrachtet und Berechnungen angestellt haben. Wir haben berechnet, dass die Kugel, auf der wir leben, einen Durchmesser von mehr als zwölftausend Kilometern hat und vor etwa viereinhalb Milliarden Jahren durch eine Zusammenballung kosmischen Staubs entstanden ist (das Universum selbst ist knapp vierzehn Milliarden Jahre alt). Und wir haben berechnet, dass die Erde mit einer Geschwindigkeit von neunundzwanzig Kilometern pro Sekunde um die Sonne rotiert und sich alle vierundzwanzig Stunden einmal um sich selbst dreht. Aber es ist ein Unterschied, das alles zu berechnen oder es sich wirklich bewusst zu machen. Ein sehr großer Unterschied.

Als in den 1960er-Jahren aus dem Weltraum die ersten Bilder der Erde gemacht wurden, ist uns Menschen nämlich so richtig bewusst geworden, dass wir *wirklich* auf einem Planeten leben. Der Anblick dieser blau-weißen Murmel hat eine globale Sicht auf die Welt ermöglicht und damit eine neue, »planetarische« Ära eingeläutet. Unter dem Symbol der Erdkugel formierte sich erstmals eine weltweite Umweltbewegung, weil die Fotos aus dem Weltraum klarmachten, dass die Erde ein großes Ganzes bildet – die »eine Welt«, die es zu bewahren gilt. Es wurde ein *Earth Day* ausgerufen, der rund um die Welt bis heute jedes Jahr am 22. April gefeiert wird. Unzählige Bücher wurden veröffentlicht, in denen die Erde nicht mehr nur als wissenschaftliches Objekt beschrieben, sondern wie ein Subjekt – wie eine Person – behandelt wurde.

Wenn wir über die Erde reden, dann tun wir inzwischen oft so, als hätten wir es mit einem Patienten zu tun.

Heute ist das Bild der im Weltraum schwebenden Erde, das Bild des »Blauen Planeten«, das zentrale Symbol internationaler Umweltkonferenzen. Es findet sich auf T-Shirts und Tassen, und bei den Klimademonstrationen werden Schilder hochgehalten, auf denen *There is no Planet B* oder *Rettet die Erde, sie ist der einzige Planet mit Schokolade* oder *Der Planet ist heißer als mein Boyfriend* steht. Wenn wir über die Erde reden, dann tun wir inzwischen oft so, als hätten wir es mit einem Patienten zu tun, um den wir uns Sorgen machen. Wir fragen: Wie steht es eigentlich um die Erde? (Vor kurzem sagte ein Moderator im Fernsehen sogar: »Unser Planet schreit um Hilfe!«)

Heißt das also, dass es uns allen inzwischen ähnlich wie den Astronauten auf der ISS geht? Dass wir uns alle mit dem ganzen Planeten tief verbunden fühlen?

Offenbar nicht, sonst bräuchte es die ganzen Demonstrationen ja gar nicht. Trotz der Bilder aus dem Weltraum ist es den meisten Menschen offenbar möglich, auf einem Planeten zu leben, ohne sich besonders für diesen zu interessieren.

Was es bedeutet, auf einer Kugel zu leben

Seien wir mal ehrlich: Wenn wir im Supermarkt einkaufen, im Internet surfen, mit Freunden Fußball spielen, auf dem Sofa liegen oder mit der Familie zu Abend essen, denken wir nicht ständig daran, dass wir uns auf einem Planeten befinden. Weil es für unseren Alltag nämlich überhaupt keine Rolle spielt.

Wir wissen zwar, dass sich der Boden unter unseren Füßen krümmt. Aber wenn wir nicht gerade aufs Meer blicken und von einem Schiff weit draußen nur die obere Hälfte erkennen können, weil die untere Hälfte bereits hinter der Krümmung, also dem Horizont, verschwunden ist, erscheint uns der Boden um uns herum als völlig flach.

Und wir wissen auch, dass wir mit jeder Sekunde – also *jetzt*, und *jetzt* schon wieder – eine Strecke von neunundzwanzig Kilometern zurücklegen. Aber wir nehmen diese Geschwindigkeit, mit der die Erde um die

Sonne rast, gar nicht wahr. Tatsächlich scheint es uns, als würden wir stillstehen, denn wir sind durch die Schwerkraft fest mit der Erde verbunden, und der Planet erzeugt bei seinem Flug durch den luftleeren Weltraum glücklicherweise keinen Fahrtwind.

Genauso wissen wir, dass der Planet alle vierundzwanzig Stunden einmal um sich selbst rotiert, denn wir sehen das Ergebnis dieser Rotation: Tag und Nacht. Aber normalerweise ignorieren wir diese Tatsache. Zum Beispiel sagen wir, dass die Sonne auf- oder untergeht, als würden wir wie im Mittelalter immer noch glauben, dass die Erde unbewegt im Mittelpunkt von allem steht. Wir sagen nicht, dass der Horizont der Erde über die Sonne rotiert, wie es eigentlich der Realität entspricht.

Und immer weniger nehmen wir wahr, dass sich über uns – um genau zu sein: überall um uns herum – andere Planeten und, weiter draußen, unzählige andere Sonnen befinden. In der Nacht überstrahlt das helle Licht unserer Städte inzwischen alles. Wer in einer Stadt lebt, bekommt die Sterne kaum oder auch nie zu Gesicht und denkt nicht mehr daran, dass nur wenige Kilometer über uns weder Häuser, Autos, Städte oder Menschen existieren. Dass dort die Leere und Stille des Weltraums ist.

Bei alldem haben wir es mit einem grundlegenden Widerspruch in der menschlichen Wahrnehmung der Welt zu tun. Wir *wissen* zwar, dass wir auf einem klitzekleinen Staubkorn mitten im Universum existieren. Aber wenn man sich auf den Boden legt und in den Himmel blickt, kommt einem dieses Staubkorn unglaublich groß vor. Der Himmel, der eigentlich nur eine hauchdünne Hülle um die Erde ist, erscheint einem von der Erde aus geradezu unendlich. Und weil die Erde unter unseren Füßen die meiste Zeit stabil und ruhig ist, brauchen wir uns auch nicht ständig darüber bewusst zu sein, dass wir uns auf einer Murmel befinden. Viel wichtiger für unser Leben sind unsere Familie und Freunde, das Dorf, die Stadt oder das Land, in dem wir leben.

Von der Erde aus betrachtet ist die Erde kein Planet, sondern schlicht und einfach die Welt, in der sich unser Leben abspielt. Wenn ein Mensch geboren wird, sagen wir schließlich nicht, er oder sie kommt »auf den

Planeten«, sondern »zur Welt«. Für unser Leben ist es ganz egal, ob die Erde eine Kugel ist. Sie könnte auch ein gigantisches Toastbrot sein. Oder eine Katze, die sich im Weltall eingerollt hat und seit Milliarden von Jahren schläft.

Aber das scheint nur so. Tatsächlich ist es ein gewaltiger Unterschied, ob man auf einer sich um sich selbst drehenden und um eine Sonne kreisenden Kugel lebt. Oder auf irgendetwas anderem.

Erstens ist da der eigentlich selbstverständliche und doch oft nur schwer zu akzeptierende Umstand, dass ein Planet *rund* ist. Gut, wenn man ganz genau sein will, ist die Erde nicht völlig rund, da sie an einigen Stellen leicht eingebeult ist, aber im Großen und Ganzen kann man schon von einer Kugel sprechen. Und wo immer man auf einer Kugel losmarschiert – irgendwann kommt man an derselben Stelle wieder an. Anders ausgedrückt: Die Welt, in der wir leben, mag zwar unglaublich groß erscheinen, aber sie ist nicht grenzenlos. Auch wenn wir manchmal von endlosen Weiten reden, etwa beim Anblick einer riesigen Wüste, gibt es auf der Erde nichts Endloses. Unser Planet besteht aus einer ganz bestimmten Menge an Stein, an Luft, an Wasser und anderen Elementen. Man kann das sogar ganz genau messen: Beispielsweise gibt es auf der Erde, alle Meere, Flüsse, Seen, Bäche und Eisflächen zusammengenommen, 1386 Trillionen Liter Wasser. Das ist eine ganze Menge, zugegeben, aber entscheidend ist: Mehr davon gibt es nicht. Alles auf der Erde ist nur in einer bestimmten Menge vorhanden.

Die Erde könnte auch ein gigantisches Toastbrot sein. Oder eine Katze, die sich im Weltall eingerollt hat.

Folglich gibt es für alles, was wir auf der Erde tun, Grenzen. Wir können nur so und so viel Öl, Kohle oder Gas aus dem Boden holen, irgendwann sind diese Rohstoffe zu Ende. Wir können auch immer nur eine bestimmte Menge an Nahrung produzieren, irgendwann gibt es keine fruchtbaren Böden mehr. Und auch unsere Städte können nur bis zu einer bestimmten Grenze wachsen. Die größte Stadt, die wir bauen könnten, würde die ganze Erde bedecken. Das Einzige, was auf der Erde wirklich unbegrenzt vorhanden ist, ist die Energie der Sonne. Sie wird noch für viele Milliarden Jahre reichen – aber sie kommt eben von außen, sie entsteht nicht auf der Erde.

Zweitens existiert auf einem Planeten kein Ort, der völlig unabhängig von allen anderen Orten ist. Auch das erscheint uns im Alltag nicht so, weil die Erde im Vergleich mit der Größe eines Menschen ein wirklich riesiger Planet ist. Man kann, wenn man will, sein ganzes Leben in einem Dorf verbringen, ohne sich besonders dafür zu interessieren, dass außerhalb dieses Dorfes noch irgendetwas anderes ist. Wenn man also nicht weiß, dass man auf einem Planeten lebt, dann könnte man leicht den Eindruck haben, als gäbe es jenseits des Ortes, an dem man sich gerade befindet, ein magisches »Außen« – eine Art Welt jenseits der Welt, die alles auffängt, was wir Menschen so tun.

Zum Beispiel basiert unsere Müllentsorgung auf dem Prinzip, dass wir den Müll, den wir tagtäglich produzieren, irgendwo deponieren. Oder verbrennen, was nichts anderes heißt, als den Müll als Gas in der Atmosphäre zu deponieren: dort, wo er uns nicht weiter beschäftigt, weil wir ihn nicht mehr sehen. Wir »werfen den Müll weg«, sagen wir, aber auf einem Planeten kann man nichts wegwerfen, weil es kein »weg« gibt. Wo soll dieses »weg« denn sein? Selbst wenn wir ganz viele Dinge auf dem Planeten nicht sehen – sie sind da. Auf einem Planeten gibt es kein magisches Außen. Alles, was man auf einem Planeten macht, macht man *auf* diesem Planeten und nicht irgendwo anders.

Und drittens: Wenn man auf einem Planeten lebt, ist dieser Planet alles, was man hat. Das heißt natürlich nicht, dass die Erde allein im All ist. Sie ist ein fester Bestandteil des kosmischen Geschehens, denn der Weltraum um uns herum ist ja nicht leer. Unser Sonnensystem ist voller Asteroiden, Kometen und Meteoriten unterschiedlicher Größe, die ab und zu auch auf der Erde einschlagen (die meisten davon sind glücklicherweise so klein, dass sie in der Atmosphäre verglühen und wir sie als Sternschnuppen bewundern können). Und es ist voller anderer runder Planeten und weiterer kugelförmiger Objekte namens Monde. Aber die – und das ist der entscheidende Punkt – sind kein Ersatz für die Erde. Auch wenn es eines Tages gelingen sollte, auf dem Mond der Erde oder auf dem Mars eine Forschungsstation oder eine kleine Kolonie zu errichten, könnten wir dort nur in abgeschirmten, im Boden vergrabenen Habitaten überleben. Denn alle diese anderen Planeten und Monde sind, so wie der ganze Weltraum, einer starken Strahlung ausgesetzt, die für Menschen früher oder später tödlich ist. Hier auf der Erde schützt uns der Wasserdampf in der Atmosphäre vor dieser Strahlung, Mond oder Mars haben keine vergleichbare Atmosphäre. Und selbst wenn einmal Menschen in Habitaten auf dem Mars leben sollten – wie viele Menschen werden das wohl sein? Fünfzig? Hundert? Jedenfalls nur ein verschwindend geringer Teil der Menschheit. Wie groß ist die Chance, dass du und deine Familie dabei sein werden?

Und was die Planeten außerhalb unseres Sonnensystems betrifft, von denen die Wissenschaftler gerade ganz viele entdecken: Sie sind ewig weit weg. Alpha Centauri beispielsweise, der unserer Sonne nächstgelegene Stern, ist über vier Lichtjahre von uns entfernt. Da Raumschiffe viel langsamer fliegen, als sich das Licht bewegt, würde ein Raumschiff an die zwanzigtausend Jahre brauchen, um dorthin zu gelangen. Vor kurzem hat ein Satellit ein fernes Sonnensystem mit sieben Planeten entdeckt, von denen drei der Erde sogar ähneln. Aber der Flug dorthin würde an die zweihunderttausend Jahre dauern, grob gerechnet siebentausend Menschengenerationen. Man würde also in ein Raumschiff steigen in dem Wissen, dass erst die fernen Ahnen am Ziel ankommen würden – wenn sie es überhaupt schaffen. Wer hätte Lust auf eine solche Reise?

There is no Planet B – diesen Spruch liest man, wie gesagt, bei den Demonstrationen gegen die Zerstörung der Umwelt häufig auf den Schildern. Und auch wenn auf solchen Schildern manchmal Quatsch steht, das jedenfalls stimmt: Der Weltraum ist schlicht und einfach zu groß, und die Planeten, auf denen man vielleicht leben könnte, sind zu weit von der Erde weg, als dass wir irgendwo dort draußen eine zweite Heimat finden könnten. Die Erde ist wirklich alles, was wir haben.

Dieser Umstand hindert jedoch viele Leute nicht daran, die Zukunft der Menschheit im Weltraum zu sehen – so wie in Science-Fiction-

Filmen, in denen der Mars mit fantastischer Technik zu einer zweiten Erde umgeformt wird oder Raumschiffe mit Überlichtgeschwindigkeit zu fernen erdähnlichen Planeten fliegen. Diese Leute gehen davon aus, dass die Menschheit, wenn die Erde irgendwann völlig kaputt ist, einfach woandershin auswandert. Aber das ist nicht nur eine Illusion, weil es technisch nicht möglich ist. Es lenkt auch von dem Planeten ab, auf dem wir leben – auf dem du lebst und deine Kinder und Enkel leben werden und deren Kinder und Enkel und auch deren Kinder und Enkel und so weiter.

Die Erde ist nicht nur ein besonderer Planet, die Erde ist einzigartig.

Denn die Erde ist nicht nur ein besonderer Planet – jeder Planet ist ja in gewisser Weise ein besonderer Planet, weil kein Planet dem anderen gleicht. Sondern die Erde ist einzigartig. Selbst wenn es irgendwo im Universum Planeten gibt, die der Erde ähneln, wären sie eben *nicht die Erde*. Das klingt selbstverständlich und banal, es ist aber ganz entscheidend.

Das Rätsel des Lebens

Was macht die Erde eigentlich so besonders? Was unterscheidet sie nach allem, was wir wissen, von den anderen Himmelskörpern in unserem Sonnensystem? Das ist ziemlich offensichtlich: Im Unterschied zu den anderen Planeten und Monden unseres Sonnensystems gibt es auf der Erde Leben. Ja, die Erde ist ein Planet, auf dem es von Leben nur so wimmelt.

Leben existiert auf der Erde an den unterschiedlichsten Orten: auf den höchsten Bergen und im tiefen Ozean, in der Eiseskälte der Pole und in den heißesten Wüsten, weit oben in der Atmosphäre und weit unten in verborgenen Höhlen. Leben findet man an Steinen und Felsen, im Süß- und Salzwasser, in der Luft und in der Erde, im Schnee und in Vulkanen ebenso wie in den hintersten Winkeln unserer Häuser, in unseren Autos und Flugzeugen, ja, sogar in unseren Computern. Das ist nur möglich, weil das Leben auf der Erde die unterschiedlichsten Formen und Größen annimmt. Leben gibt es als Baum, als Grashalm, als Biene, als Fliegenpilz, als Katze, als Moos, als Wal, als Koralle, als Mensch, als Bakterie, als Pinguin, als Flechte und sehr vieles mehr. Die Erde ist nicht nur das Zuhause von uns Menschen, sondern auch von unzähligen anderen Lebewesen.

Das Besondere an der Erde ist also, dass sie ein ausgesprochen lebensfreundlicher Planet ist. Und das liegt vor allem daran, dass sie in einem optimalen Abstand, in der sogenannten »habitablen Zone«, um ihre Sonne kreist und so erst die notwendigen chemischen Reaktionen möglich sind, auf denen Leben basiert. Während etwa der Mars, unser Nachbarplanet auf der sonnenferneren Seite, zu wenig Sonnenenergie erhält, sodass sein Oberflächenwasser gefriert, und unser sonnennäherer Nachbarplanet, die Venus, zu viel Energie abbekommt, sodass dort alles Wasser verdampft, gibt es auf der Erde Wasser in Form von Flüssigkeit, Eis und Dampf. Wasser ist der zentrale Baustein für das Leben. Alle Lebewesen auf der Erde, auch wir Menschen, bestehen zum größten Teil aus Wasser, und die Wissenschaft geht davon aus, dass sich das erste Leben auf unserem Planeten im oder an der Grenze zum Wasser gebildet hat. Außerdem sorgt, wie erwähnt, der Wasserdampf in der Atmosphäre dafür, dass die tödliche Strahlung aus dem Weltraum nicht zu uns durchdringt.

Dieses Wasser war übrigens mit großer Wahrscheinlichkeit ursprünglich auf der Erde gar nicht vorhanden, sondern wurde vor Milliarden von Jahren mit Asteroiden, Meteoriten oder Kometen auf den Planeten gebracht – das Wasser in deinem Körper war also vor langer Zeit einmal im Weltraum unterwegs. Mit Meteoriten gelangten auch zahlreiche andere chemische Elemente auf die Erde. Darunter Kohlenstoff, neben Wasser ein weiterer wichtiger Grundbaustein allen irdischen Lebens. Kohlenstoffatome bilden nämlich leicht Ketten und verbinden sich mit anderen Atomen zu den unterschiedlichen organischen Substanzen, die das Leben ausmachen – von mikroskopisch kleinen Zellen bis zu Mammutbäumen.

Auf der Erde herrschen noch viele andere besondere Bedingungen, die dem Leben äußerst förderlich sind. So ist unser Planet beispielsweise schwer genug, um eine Lufthülle festzuhalten, die die Lebewesen atmen lässt und nicht nur vor Strahlung, sondern auch vor dem Einschlag kleinerer Meteoriten schützt. Die Erde hat auch genau die richtige Größe, dass auf ihrer Oberfläche für das Leben weitgehend angenehme Temperaturen herrschen. Denn das Erdinnere ist seit der Entstehung der Erde immer noch brüllend heiß, und bei einem kleineren Planeten wäre es auf der Außenseite womöglich nie zu entsprechend kühleren Temperaturen gekommen. Außerdem dreht sich die Erde um ihre Achse, sodass nicht nur ein Teil ihrer Oberfläche der Sonne ausgesetzt ist, sondern alle Teile weitgehend gleichmäßig erwärmt werden.

Dieses Leben sieht vermutlich ganz anders aus als das auf der Erde.

Diese speziellen Bedingungen sind also der Grund dafür, dass auf der Erde Leben möglich ist, und das macht unseren Planeten eindeutig zu etwas Besonderem. Aber macht ihn das auch einzigartig?

Nicht unbedingt, denn selbst wenn wir bisher keinen Hinweis darauf haben, dass an anderen Orten des Universums ebenfalls Leben existiert – wir können es nicht ausschließen. Wir wissen es einfach nicht. So spekulieren Wissenschaftler etwa darüber, ob es auf dem Mars oder unter der vereisten Oberfläche des Jupitermonds Europa nicht doch winzige Spuren von Leben geben könnte. Und warum sollte auf den Planeten in anderen Sonnensystemen und Galaxien kein Leben existieren? Wenn man sich noch einmal vor Augen hält, dass es allein in unserer Galaxis, der Milchstraße, womöglich Milliarden von Planeten gibt und einige davon wie die Erde ebenfalls in der habitablen Zone um ihre Sonne kreisen, und dass es Milliarden von Galaxien mit Milliarden von Sternen gibt, dann ist es sogar ziemlich wahrscheinlich, dass anderswo ebenfalls Leben existiert.

Dieses Leben sieht vermutlich ganz anders aus als das auf der Erde, je nachdem, welche physikalischen Verhältnisse dort herrschen. Womöglich ist es chemisch auch anders zusammengesetzt, schließlich muss Leben nicht unbedingt auf Kohlenstoff basieren. Aber dieses Leben blickt, wenn es Augen hat, in dasselbe Universum wie wir, und wenn es sich Gedanken machen kann, dann stellt es sich womöglich ähnliche Fragen wie wir.

Außerdem wissen wir auch nicht genau, wie das Leben vor etwa dreieinhalb Milliarden Jahren auf der Erde überhaupt entstanden ist – wie sich unbelebte chemische Verbindungen in etwas verwandeln, das sich bewegt, sich fortpflanzt und sich, wenn es ein Mensch ist, Fragen über das Leben stellt. Vielleicht war die Entstehung des Lebens ein solcher Zufall, dass er sich nur einmal, eben auf der Erde, ereignet hat. Es wäre aber auch möglich, dass sich Leben auf Planeten, wenn die dafür notwendigen Bausteine vorhanden sind und die entsprechenden Bedingungen herrschen, ganz von selbst entwickelt und es also auf vielen Planeten von Lebensformen nur so wimmelt (die vielleicht sogar irgendwann Kontakt mit uns Erdbewohnern aufnehmen).

Obwohl es überall auf der Erde Leben in unzähligen Formen und Größen gibt, können wir gar nicht genau sagen, was das eigentlich ist: Leben.

Und wir rätseln noch über etwas anderes – etwas extrem Wichtiges. Obwohl es überall auf der Erde Leben in unzähligen Formen und Größen gibt, können wir gar nicht genau sagen, was das eigentlich ist: Leben. Das klingt erst mal merkwürdig, denn instinktiv weiß man doch, was Leben ist und was nicht. Aber was unterscheidet, sagen wir, ein Eichhörnchen von einem Kristall? Beide wachsen und gedeihen, beide verändern sich im Laufe der Zeit, beide folgen einem ganz bestimmten Lebenszyklus – warum gilt das eine als Lebensform und das andere nicht?

Tatsächlich gibt es bis heute keine exakte wissenschaftliche Definition für Leben, und womöglich wird es eine solche auch nie geben. Man hat sich lediglich auf einige grundsätzliche Voraussetzungen geeinigt, die Leben von Nichtleben unterscheiden sollen.

Demnach bestehen lebende Organismen prinzipiell aus mindestens einer Zelle, das heißt, einem von einer Membran umschlossenen Raum, in dem biochemische Vorgänge stattfinden. Diese Membran ist durchlässig, sodass die Zelle die in ihrer Umgebung vorhandene Energie nutzen kann. Lebende Organismen reagieren auf die Außenwelt, sie passen sich an Veränderungen in ihrer Umwelt an. Und lebende Organismen reproduzieren sich, indem sie Kopien ihrer selbst herstellen – Kopien, die allerdings nicht völlig identisch mit dem Original sind. Die eine Generation kann sich von der vorhergehenden unterscheiden.

Kurz gesagt: Leben besteht aus einer oder mehreren Zellen, die im Austausch mit ihrer Umwelt Energie erzeugen, sich verändern und Nachkommen produzieren. Das trifft für alle Lebensformen auf dem Planeten Erde zu: für die Bakterien ebenso wie für die Bäume im Garten deines Nachbarn, für den Schäferhund des Nachbarn ebenso wie für den Nachbarn selbst. Alles, was diese Voraussetzungen nicht erfüllt – wie eben ein Kristall oder zum Beispiel auch ein Virus, das keine Zellmembran besitzt und keinen Stoffwechsel hat –, ist kein Leben, sondern irgendetwas anderes.

Diese Voraussetzungen sind jedoch nicht objektiv, das heißt, sie müssen nicht unbedingt für das gesamte Universum gelten. Zum einen wurden sie von einer Lebensform, die nur auf der Erde existiert, also uns Menschen, für Lebensformen festgelegt, die nur auf der Erde existieren. Würden sich Außerirdische über das Leben auf ihrem Planeten Gedanken machen, das womöglich nicht wie unseres auf Kohlenstoff basiert, kämen sie wohl auf ganz andere Voraussetzungen für das Leben. Wer weiß, vielleicht entspräche das Leben auf der Erde gar nicht ihrer Definition von Leben.

Zum anderen ist die Art und Weise, nach welchen Voraussetzungen Menschen Leben definieren, das Ergebnis einer ganz bestimmten Entwicklung. Einer Entwicklung, die eben Menschen hervorgebracht hat, die sich fragen, wie man Leben definieren könnte. Und genau das ist der entscheidende Punkt, warum die Erde nicht nur ein besonderer, sondern ein einzigartiger Planet ist. Auch wenn es auf anderen Planeten Leben gibt und selbst wenn dieses Leben dem auf der Erde in irgendeiner Weise ähnelt – es hat sich auf gar keinen Fall so *entwickelt* wie auf der Erde.

Ein wirklich einzigartiger Planet

Man kann die Erde und alles, was sich darauf befindet, nämlich nur verstehen, wenn man in Betracht zieht, dass nichts auf unserem Planeten einfach nur *ist*, sondern dass alles hier, auch der Planet selbst, *geworden ist* und immer noch *wird*. Die Erde ist keine unveränderliche Theaterbühne, auf der sich das Drama des Lebens abspielt. Sie ist auch keine starre, festgefügte Kugel, auf der sich zufällig die Elemente befinden, die das Leben benötigt, um zu gedeihen. Nein, die Erde hat sich seit ihrer Entstehung vor etwa viereinhalb Milliarden Jahren immer wieder grundlegend verändert und mit ihr auch das Leben auf der Erde. Und umgekehrt hat das Leben die Erde immer wieder grundlegend verändert – und wird es auch weiterhin tun.

Stellen wir uns einmal vor, wir blicken von der ISS aus auf unseren Planeten hinab, und die gesamte Erdgeschichte zieht im Zeitraffer an unserem Auge vorüber. Wir sehen, wie sich das Gesicht der Erde wieder und wieder wandelt.

Wir sehen, wie kurz nach der Entstehung unseres Planeten ein anderer, kleinerer Planet mit der Erde kollidiert und sich aus den Überresten dieses gewaltigen Zusammenstoßes der Mond bildet. Dann sehen wir, wie sich die Erde wieder beruhigt, aber so heiß bleibt, dass sich nur die äußere Schicht, die Erdkruste, langsam abkühlt. Wir verfolgen über Jahrmilliarden hinweg, wie die Kontinente über die Oberfläche des Planeten wandern, miteinander kollidieren, sich ineinanderschieben und wieder auseinandergerissen werden. Ja, wie die Landmassen einige Male sogar nur einen einzigen gigantischen Kontinent bilden. Wir sehen, wie Ozeane entstehen und wieder verschwinden, wie sich Gebirgszüge auffalten und wieder absenken, wie riesige Vulkane ausbrechen und wieder erlöschen. Das alles sehen wir, weil die Erde etwa im Gegensatz zum Mars kein ruhiger, sondern ein sehr nervöser Planet ist und noch für sehr lange Zeit sein wird. Sie ist in ständiger Bewegung. Die Kontinente driften unaufhörlich voneinander weg oder aufeinander zu, weil das Erdinnere eben nicht abgekühlt und fest, sondern immer noch heiß und flüssig ist – eine zähe Masse, auf der die einzelnen Teile der Erdkruste schwimmen, und dort, wo sich die Teile berühren oder ineinander verkeilen, kann es zu heftigen Erdbeben oder Eruptionen kommen.

Aber das ist noch nicht alles. Wir sehen auch, wie das Klima auf der Erde sehr heiß wird und dann wieder sehr kalt. Etliche Male ist die Erde sogar fast vollständig von Eis und Schnee bedeckt und aus dem Weltraum betrachtet kein blauer Planet, sondern ein weißer. Aber immer wieder schmilzt das Eis und zieht sich an den Nord- und den Südpol zurück. Der Grund für diese ständigen Klimaänderungen liegt darin, dass sich die Erde nicht in einem perfekten Kreis um die Sonne dreht, sondern in einer eiförmigen Ellipse, sodass es immer wieder zu Warm- und Kaltzeiten kommt, je nachdem, wie stark die Sonneneinstrahlung gerade ist. Außerdem ist die Rotationsachse der Erde nicht vollkommen senkrecht, sondern unser Planet dreht sich leicht gekippt um sich selbst. Das führt zu den Jahreszeiten. Die Nordhalbkugel empfängt dadurch die eine Hälfte des Jahres mehr Wärme als die Südhabkugel, weil sie sich der Sonne zuneigt – und andersherum. Und um die Sache weiter zu verkomplizieren, verändern sich die elliptische Bahn der Erde um die Sonne und die Neigung der Rotationsachse im Laufe der Zeit noch, wie sich auch die kosmischen Rahmenbedingungen, vor allem die Gravitationswirkungen der anderen Planeten im Sonnensystem auf die Erde, verändern. Das alles mit dem Ergebnis, dass das Erdklima schwankt: von heiß nach kalt und von kalt nach heiß. Solange unser Planet existiert, wird sich sein Gesicht immer wieder verändern.

Und was sehen wir noch in unserem Zeitraffer? Wir sehen, wie sich, etwa eine Milliarde Jahre nach der Entstehung des Planeten, die allerersten Lebensformen bilden. Irgendwo in den urzeitlichen Ozeanen, wo das heiße Wasser aus der Erdkruste auf das kalte Meerwasser trifft, entstehen einzellige Lebewesen, von denen es etliche, beispielsweise die Bakterien, heute noch gibt. Diese einfachen Lebewesen in den Meeren dominieren fast drei Milliarden Jahre lang den Planeten, bis sie sich vor etwa einer Milliarde Jahre zu mehrzelligen Lebensformen, Quallen und Schwämmen, zusammenschließen und komplexer und variantenreicher werden. Und noch etwas anderes geschieht: Bestimmte Bakterien, die Cyanobakterien, lernen, das Licht der Sonne zur Energiegewinnung zu nutzen und mithilfe von Wasser das Kohlendioxid, aus dem die Atmosphäre der Erde zu dieser Zeit besteht, in Zucker für das eigene Wachstum und Sauerstoff aufzuspalten, den sie wiederum an die Luft abgeben. Diesen Vorgang nennt man Fotosynthese, er bildet bis heute die Grundlage allen pflanzlichen Lebens. Und so füllen diese Bakterien die Atmosphäre des Planeten nach und nach mit Sauerstoff und krempeln damit das Leben auf der Erde vollständig um. Erst damit entstehen jene Sauerstoff atmenden Lebensformen, die heute die Erde prägen.

Allerdings dauert es erst wieder eine halbe Milliarde Jahre, bis erneut etwas Großes geschieht. Plötzlich explodiert das Leben auf der

Erde geradezu, die unglaublichsten Geschöpfe tummeln sich jetzt in den Meeren, und es vergeht nicht allzu viel Zeit, bis zuerst die Pflanzen und bald darauf auch die Tiere die Kontinente besiedeln. In unserem Zeitraffer sehen wir, wie Fische, Insekten und Amphibien die Welt prägen – bis sie unvermittelt durch eine drastische Veränderung der Temperatur auf der Erde aussterben. Das heißt: Nicht alle sterben. Das Leben auf der Erde nimmt einen neuen Anlauf. Diesmal sind es Reptilien, die Dinosaurier, die das Land und die Meere dominieren. Doch dann trifft ein riesiger Asteroid die Erde, und durch den Aufprall wird so viel Staub in die Luft geschleudert, dass er die Atmosphäre vergiftet und die Dinosaurier aussterben. Diese Möglichkeit nutzt eine andere Lebensform, das Säugetier, um sich über die ganze Welt auszubreiten – wobei es sich in unzählige verschiedene Arten aufspaltet. Eine dieser Unterarten lernt eines Tages, aufrecht zu gehen, und bildet etwas aus, was man Verstand nennt. Und diese Säugetierart, der Mensch, schickt sich an, den Planeten zu erobern. Womit wir am Ende des Zeitraffers angekommen wären. In der Gegenwart.

Plötzlich explodiert das Leben auf der Erde, die unglaublichsten Geschöpfe tummeln sich jetzt in den Meeren.

Zugegeben, das ging jetzt wirklich sehr schnell, wie das bei Zeitraffern eben so ist. Ganz viel aus der Geschichte der Erde haben wir dabei gar nicht erwähnt (wobei man vieles auch noch gar nicht genau weiß). Aber eines wird schon bei einer derart gerafften Darstellung völlig klar: Die bedeutenden Ereignisse in der Entwicklung des Lebens stehen in einem unauflöslichen Zusammenhang mit Ereignissen auf der Erde selbst und in ihrer kosmischen Umgebung. Was im Weltraum geschah, welche chemische Zusammensetzung die Meere hatten, wie die Kontinente auf der Erdoberfläche verteilt waren, welche Wirkung die Neigung der Erdachse auf das Klima hatte – das alles und vieles, vieles mehr hatte Einfluss auf die Art und Weise, wie sich das Leben entwickelt hat, ja, *welche Art* von Leben sich auf der Erde entwickelt hat.

Umgekehrt wiederum hatte das Leben seinerseits entscheidende Auswirkungen auf die Bedingungen, unter denen weiteres Leben gedeihen konnte – schon früh in Form der Sauerstoff produzierenden

Cyanobakterien und später in Form der Pflanzen, ohne die es keine Landtiere gäbe. Damit hatte das Leben auf der Erde also stets einen direkten Einfluss auf den Charakter und die Eigenschaften des Planeten. Alle Lebewesen, ob Pflanzen, Tiere, Pilze oder Bakterien, haben die Erde im Laufe der Zeit verändert – so, wie die in der Gegenwart dominierende Lebensform, wir Menschen, ebenfalls daran arbeitet, die Erde zu verändern.

Das alles ist ein so kompliziert ineinander verschachteltes Gebilde aus Ereignissen und Zufällen, dass diese Entwicklung, würde man noch einmal von vorne beginnen und dabei ein kleines Detail verändern, völlig anders verlaufen würde. Ohne sauerstoffhaltige Atmosphäre gäbe es weder Pflanzen und Tiere noch Menschen auf der Erde, sondern andersartige Lebewesen. Wenn sich der Mond nicht gebildet hätte, gäbe es keine Gezeiten, und die Meere hätten sich völlig anders geformt. Wenn der riesige Asteroid damals knapp an der Erde vorbeigeflogen wäre, wäre unser Planet heute immer noch die Heimat der Dinosaurier. Und so weiter, und so fort. Die Geschichte der Erde wäre in all diesen Fällen ganz anders verlaufen. Wie anders, wissen wir nicht, und wir werden es auch nie wissen. Aber auf jeden Fall ganz anders.

So gesehen ist die Erde also wirklich ganz und gar einzigartig. Dass irgendwo im Kosmos ein weiterer Planet existiert, auf dem das alles haargenau so geschehen ist, ist völlig ausgeschlossen – einen so großen Zufall gibt es nicht. Dass du jetzt gerade hier bist und dieses Buch liest, ist das Resultat einer sehr, sehr langen Kette von Ereignissen, die sich nur auf unserem Planeten abgespielt haben und nirgendwo sonst.

Wer weiß, vielleicht ist es ja genau das, was die Astronauten empfinden, wenn sie die Erde von oben sehen. Dass sie – dass wir alle – Teil von etwas Einzigartigem sind: eines Planeten, der das Leben geformt hat und den das Leben formt. Und dass wir Menschen, egal wohin und wie weit weg wir reisen, unseren Heimatplaneten immer mit uns mitnehmen.

Für viele Astronauten gilt das übrigens ganz konkret. Neben Büchern (die sie, wie gesagt, kaum gelesen haben) haben einige von ihnen auch Aufnahmen von Naturgeräuschen wie Regen, Donner oder Vogelzwitschern mit in den Weltraum genommen, die sie an die Erde erinnerten. Es gab sogar Weltraumreisende, die dort oben ein Gemüsebeet hatten, Erbsen, Gurken oder Radieschen züchteten und das Wachstum der kleinen Pflanzen beobachteten. Und als Fische in einem Becken die Reise nicht überstanden, waren sie sehr traurig. Offenbar haben wir also wirklich eine ganz tiefe Verbindung mit der Erde und den Lebewesen, die sich auf ihr tummeln.

Aber worin besteht diese Verbindung genau?

4 // Wohngemeinschaft Erde

»Ich bin Leben, das leben will, inmitten von Leben, das leben will.«

ALBERT SCHWEITZER

Die dünne Schicht des Lebens

Der Blick aus dem Weltraum zeigt erst einmal etwas Offensichtliches: Alle Lebewesen sind *irdische* Geschöpfe. Sie alle sind dadurch verbunden, dass sie sich den Planeten Erde teilen. Wobei dieser Satz nicht ganz korrekt ist. Eigentlich müsste es heißen: Alle Lebewesen teilen sich die Biosphäre des Planeten Erde. Das ist ein wichtiger Unterschied, denn die Biosphäre ist sehr viel kleiner als der Planet selbst.

Die Biosphäre – die Gesamtheit des von Lebewesen besiedelten Teils der Erde – macht nämlich nur ungefähr ein Zehnmilliardstel der Planetenmasse aus. Sie erstreckt sich zwar über die gesamte Erdoberfläche, immerhin eine halbe Milliarde Quadratkilometer, reicht aber nur etwa acht Kilometer nach unten in die Erde und etwa zehn Kilometer nach oben in den Himmel. Eine hauchdünne Schicht, wenn man bedenkt, dass es über sechstausend Kilometer bis zum Erdmittelpunkt sind. Wäre die Erde ein Apfel, wäre die Biosphäre nicht dicker als seine Schale.

Die allermeisten Lebewesen verbringen ihr gesamtes Dasein in unmittelbarer Nähe der Erdoberfläche, entweder darauf oder darunter.

Dieser ziemlich überschaubare Bereich unseres Planeten, den sich alle Lebewesen teilen, umfasst die oberste Schicht der Erdkruste (den Boden, die Pedo- und Lithosphäre), das Wasser (die Hydrosphäre, also alle ober- und unterirdischen Wasservorkommen) und die Lufthülle (die Atmosphäre). Die Biosphäre reicht gerade so weit in den Erdboden, wie es noch Wasser gibt und wo noch Bakterien von in die Tiefe sickernden Nährstoffen leben. Und sie reicht so weit in die Luft, wie sich Vögel noch von den Winden über die höchsten Berge tragen lassen. (Über ihnen schwirren ab und an nur noch Menschen in Flugzeugen herum.) Die allermeisten Lebewesen jedoch verbringen ihr gesamtes Dasein in unmittelbarer Nähe der Erdoberfläche, entweder darauf oder darunter.

Die Erdoberfläche ist allerdings nicht überall gleich, ganz im Gegenteil. Sie unterteilt sich nicht nur in eine Landfläche, die Kontinente, und eine viel größere Wasserfläche, die Ozeane, sondern auch in unterschiedliche Klimazonen, die sich nacheinander von den Eisschilden an den Polen bis zum Äquator erstrecken: die polare Zone, die subpolare Zone, die gemäßigte Zone, die subtropische Zone und die tropische Zone. In den jeweiligen Klimazonen befinden sich ganz unterschiedliche Vegetationszonen wie etwa die Tundra, der Nadelwald, der Laub-

und Mischwald, die Steppe, die Wüste, die Savanne oder der tropische Regenwald. Die Vegetationszonen wiederum sind in sich ganz unterschiedlich aufgeteilt – es gibt dort Flüsse und Seen, Berge und Grasland, Inseln und Archipele und vieles mehr.

In diesen ganz unterschiedlich aufgeteilten Bereichen finden wir so außergewöhnliche, so unglaubliche Lebensformen, dass man gar nicht meinen möchte, sie würden sich alle denselben Planeten teilen.

Da gibt es nicht nur Lebewesen, wie sie die meisten von uns schon einmal gesehen haben, wie etwa die Eule, den Steinpilz, den Fuchs, die Buche, das Eichhörnchen oder die Maus. Sondern auch das Bärtierchen, das aus nur einer Zelle besteht, eine rüsselartige Ausbuchtung zum Fortbewegen hat und Temperaturen bis minus zweihundert Grad Celsius überleben kann. Oder das Chamäleon, eine gedrungene Echse, die ihre Zunge auf die zweifache Körperlänge ausdehnen kann und, je nach Stimmung oder um sich zu tarnen, seine Körperfarbe wechselt. Da gibt es den Mauersegler, ein Vogel, der mehr als zehn Monate in der Luft sein kann, ohne auch nur einmal den Boden zu berühren. Da gibt es den sogenannten Dunklen Hallimasch, den nach derzeitigem Kenntnisstand ältesten Pilz der Welt, dessen aus haarfeinen Fäden gesponnenes Geflecht so groß ist wie über tausend Fußballfelder und so viel wiegt wie fünf Blauwale. Da gibt es einen Kreosotstrauch, der in der Wüste an der Westküste der USA wächst und an die zwölftausend Jahre alt ist (und damit vermutlich das älteste Lebewesen der Welt). Da gibt es die Archae-Bakterien, die tief im Meer an über hundert Grad heißen Quellen gedeihen, wo alles andere Leben sofort stirbt. Da gibt es Quallen, sanft pulsierende Ballons mit Tentakeln, die sich, wenn man sie aus dem Wasser nimmt, in eine formlose Substanz verwandeln ... Und so weiter, und so fort.

Niemand weiß, wie viele unterschiedliche Lebensformen auf der Erde wirklich existieren. Es sind auf jeden Fall unglaublich viele. Schon die Zahl der bekannten Arten beläuft sich auf etwa eineinhalb Millionen, und die Wissenschaftler sind sich allgemein einig, dass das kaum ein Zehntel der tatsächlich auf der Erde lebenden Arten ausmacht. Regelmäßig werden neue Lebensformen entdeckt, die meisten davon Insekten und andere Gliederfüßer, doch hin und wieder findet man auch bisher unbekannte größere Tiere, etwa eine neue Antilopenart in Vietnam oder eine neue Lemurenart auf Madagaskar. Da über neunundneunzig Prozent der Lebewesen auf der Erde mikroskopisch klein sind, ist es allerdings reines Glück, wenn man eine neue Art entdeckt.

Doch abgesehen davon, dass diese so unterschiedlichen Lebensformen alle irgendwo auf dem Planeten Erde zu Hause sind – was verbindet sie miteinander? Was haben wir, die Lebensform Mensch, mit den Lebensformen Eule, Buche, Bärtierchen, Mauersegler oder Qualle zu tun? Eigentlich nichts, oder?

Eine Bergtour mit Folgen

Das dachte man jedenfalls für eine sehr lange Zeit. Wobei die Wissenschaftler und Philosophen früherer Jahrhunderte durchaus großes Interesse an anderen Lebensformen hatten. Der bedeutende griechische Philosoph Aristoteles etwa widmete bereits dreihundert Jahre vor Christus den Großteil seines Werkes nicht der Logik, der Moral oder der Politik, wofür er bis heute vor allem bekannt ist, sondern den Insekten, Vögeln und Fischen. Niemand zuvor hatte mehr Fakten über Tiere und Pflanzen zusammengetragen als er. Aber Aristoteles interessierte sich nicht nur für Fakten, er wollte auch die der Natur zugrunde liegenden Prinzipien verstehen.

Dabei ging er davon aus, dass die Natur mit allem, was sich darin befindet, immer schon vorhanden war und unveränderbar ist. Auf dieser Grundlage entwickelte er eine Ordnung der Natur, die bis ins späte Mittelalter Bestand hatte. In der Natur, so Aristoteles, gibt es eine klare Rangabfolge, eine Kette, die vom Leblosen bis zum höchstentwickelten Lebewesen, dem Menschen, reicht. Der Boden ist wegen der Pflanzen da, die Pflanzen sind wegen der Tiere da, und die Tiere sind wegen der

Menschen da. Auch wenn sich manche Arten zuweilen ähneln, bildet doch jede Art, so Aristoteles, für sich einen abgeschlossenen, unveränderlichen Bereich.

So war Naturforschung für lange Zeit fast ausschließlich ein einziges Sammeln, Sortieren und Klassifizieren, ein Benennen und Einordnen. Der berühmteste dieser Sammler und Sortierer ist der schwedische Botaniker Carl von Linné, der in der ersten Hälfte des 18. Jahrhunderts lebte und in seinem Buch *Systema naturae* – das System der Natur – etwa achttausend Pflanzen, sechstausend Tiere und fünfhundert Mineralien beschrieb. Linné war alles andere als bescheiden. Sein Motto lautete: »Gott hat es geschaffen, und Linné ordnet es.« Aber er hatte auch Grund dazu, denn er entwickelte ein so überzeugendes Klassifizierungssystem für die unterschiedlichen Tier- und Pflanzenarten, dass es bis heute gebräuchlich ist: Jede Lebensform erhält einen lateinischen Doppelnamen, wobei der erste Name die jeweilige Gattung bezeichnet und der zweite die jeweilige Art, also beispielsweise *Viola canina* für Hundsveilchen oder *Ribes rubrum* für die rote Johannisbeere. Linné gab auch uns, den modernen Menschen, einen Namen: *Homo sapiens*. Solltest du einmal ein Lebewesen entdecken, das bisher unbekannt war, kannst du ihm ebenfalls einen solchen Doppelnamen geben und diesen Namen bei der internationalen zoologischen Nomenklaturkommission registrieren lassen. Es gibt inzwischen die verrücktesten Namen für neu entdeckte Lebewesen, zum Beispiel einen Zwergkäfer namens *Nelloptodes gretae*, dessen zopfartige Antennen an Greta Thunbergs Zöpfe erinnern.

Naturforschung war für lange Zeit fast ausschließlich ein einziges Sammeln, Sortieren und Klassifizieren.

Linnés Ordnung der Natur orientierte sich allerdings ausschließlich an den äußeren, auf den ersten Blick erkennbaren Merkmalen der Lebewesen. Wie Aristoteles war er der Ansicht, dass es die verschiedenen Tiere und Pflanzen seit Anbeginn der Welt gab, dass sie sich in all der Zeit also nie verändert hatten und auch nie verändern würden, und dass jede Art für sich existierte. Dass sich die unterschiedlichen Arten, etwa das Hundsveilchen und der Mensch, gegenseitig beeinflussen könnten, ja, dass sich das Leben auf der Erde und die Erde selbst gegenseitig beeinflussen könnten, war für ihn und seine Zeitgenossen undenkbar.

Daran änderte erst ein Blick von oben etwas.

Kein Blick aus dem Weltraum, sondern ein Blick von einem hohen Berg. Lange bevor Menschen mit Raketen die Erde verließen und Bilder des Planeten machten, wollte sich nämlich ein deutscher Naturforscher namens Alexander von Humboldt auch schon einen Überblick über die Welt verschaffen – von einem möglichst hohen Standort aus. Das war im Juni 1802. Humboldt befand sich damals auf einer langen Südamerikareise, auf der er etliche Tier- und Pflanzenarten studiert hatte. So hatte er zum Beispiel die Elektrizität von Zitteraalen gemessen, indem er die Tiere in die Hand genommen und sich selbst elektrische Schocks verpasst hatte.

Humboldt wollte jedoch nicht nur die einzelnen Arten, sondern, wie er sagte, das »belebte Naturganze« verstehen, und war der Überzeugung, dass ihm ein Blick von weit oben dabei helfen könnte. Also beschloss er, auf einen Berg zu steigen: auf den Chimborazo, ein erloschener Vulkan, der sich im heutigen Ecuador befindet. Im Vergleich mit Bergen wie dem Mount Everest ist der Chimborazo mit seinen 6263 Metern zwar kein riesiger Berg, aber seine Besteigung war trotzdem ein Wagnis. Humboldt und seine Begleiter erreichten den Gipfel auch nicht ganz, weil ihnen eine Gletscherspalte den Weg versperrte, sie schafften es jedoch auf beinahe sechstausend Meter, was für damalige Verhältnisse eine echte Sensation war – noch nie war ein Mensch bis in solche Höhen vorgestoßen.

Aber die eigentliche Sensation war etwas anderes: Humboldts Bergtour veränderte das Bild, das sich die Menschen von der Natur machten, grundlegend. Als er auf die Hänge des Chimborazo und das weite Land unter ihm blickte, wurde Humboldt nämlich bewusst, dass das Leben auf der Erde nicht eine Ansammlung von einzelnen Lebensformen ist, die jede für sich nebeneinanderher existieren. Sondern dass alles in der Natur auf vielfältige und nur schwer durchschaubare Weise ineinander

verwoben ist und miteinander korrespondiert – dass alles miteinander in Verbindung steht.

Wie kam er darauf? Während des Aufstiegs auf den Chimborazo war er durch unterschiedliche Vegetationszonen mit jeweils ganz bestimmten Pflanzen und Tieren gewandert, die ihn an Orte in Europa erinnert hatten, wo ähnliche Lebewesen vorkamen: Blüten und Gewächse, die beispielsweise auffällige Ähnlichkeiten mit Pflanzen in den Schweizer Alpen hatten. Ganz unabhängig voneinander bilden also an verschiedenen Orten der Erde Lebewesen ähnliche Merkmale aus. Daraus schloss Humboldt, dass zwischen dem Leben und den besonderen Bedingungen des Ortes, wo dieses Leben vorkommt, ein zwingender und untrennbarer Zusammenhang besteht. Die Natur, so Humboldt, ist ein großes Zusammenspiel. Alles in der Natur ist Interaktion und Reaktion. Inseln zum Beispiel, die einem starken Wind ausgesetzt sind, haben nur eine spärliche Vegetation. Oder das Wetter in einem bestimmten Gebiet entsteht nicht nur aus einem Wechselspiel aus Land, Meer und Luftdruck, sondern das Leben auf der Erde ist ebenfalls daran beteiligt – indem Bäume Sauerstoff abgeben, Wasser speichern und Schatten spenden, haben sie einen kühlenden Effekt und wirken sich damit auf die Wetterbedingungen aus.

Jahre später, als Humboldt wieder zurück in Europa war, schrieb er diese Erkenntnis und die Abenteuer seiner Südamerikareise auf und wurde damit zum berühmtesten Naturforscher seiner Zeit. Er war der Erste, der über die sichtbaren Merkmale der einzelnen Arten hinaus blickte und die Strukturen und Verbindungen zu verstehen versuchte, die in der Natur herrschen. Er formulierte als Erster, was uns heute so selbstverständlich erscheint, dass wir den Humboldtschen Ursprung dieser Idee ganz vergessen haben: Das Leben auf der Erde bildet ein feinmaschiges Netz aus unzähligen Verbindungen – ein Ökosystem.

Alles ist mit allem verbunden

Der Begriff Ökosystem, den wir heute ständig verwenden, wenn wir über die Vorgänge in der Natur reden, war noch vor zweihundert Jahren völlig unbekannt. Auch Humboldt hat ihn nicht verwendet, das Wort kam erst später in Mode, aber als er auf dem Chimborazo stand, sah Humboldt, dass alle Teile eines bestimmten Lebensraumes in einem komplizierten Beziehungsgefüge zueinander stehen. Wie etwa der Boden chemisch zusammengesetzt ist, wie oft und wie stark es regnet, welche Stellen die Strahlen der Sonne erreichen und welche nicht (und wie lange) – das alles prägt ein Ökosystem und hat einen Einfluss auf die Tiere und Pflanzen, die dort vorkommen. Und die Tiere und Pflanzen stehen ihrerseits in zahllosen Wechselbeziehungen, die auf das gesamte System rückwirken. In einem Ökosystem ist letztlich nichts überflüssig, alles findet seinen Platz in einem großen Zusammenhang.

Es gibt auf der Erde die unterschiedlichsten Ökosysteme. Da sind die aquatischen Ökosysteme wie Meere, Flüsse, Seen oder Teiche. Dann

die terrestrischen Ökosysteme wie Wälder, Täler, Steppen, Wüsten oder Tundren. Es gibt auch vom Menschen geschaffene Ökosysteme wie etwa Heiden, Äcker, Wiesen oder Parks (manche sagen, dass auch Städte in gewisser Weise Ökosysteme sind). Ökosysteme können sehr klein und einfach sein wie zum Beispiel ein Tümpel im Garten oder – das kleinste Ökosystem der Welt – eine nur wenige Millimeter dicke Mikrobenmatte. Sie können aber auch sehr groß und komplex sein wie etwa ein Regenwald oder ein Korallenriff.

So unterschiedlich diese Ökosysteme auch sind, ihnen allen ist gemeinsam, dass sie aus einem Biotop bestehen, also dem jeweiligen Raum oder Ort, an dem sich das Ökosystem befindet, mit ganz bestimmten Licht-, Luft- und Wasserverhältnissen sowie einem bestimmten Gehalt an Mineralstoffen. Und es ist ihnen gemeinsam, dass es dort Biozönosen gibt. Das sind die im Biotop vorkommenden Lebensgemeinschaften von Pflanzen, Tieren und Mikroorganismen, die sich in Produzenten, Konsumenten und Destruenten aufteilen. Produzenten sind vor allem grüne Pflanzen, die mittels Sonnenenergie organische Substanz aufbauen, von der sich die Konsumenten, die Tiere, ernähren – entweder direkt, wenn sie Pflanzenfresser sind, oder indirekt, wenn sie andere Tiere fressen, die sich ihrerseits von Pflanzen ernährt haben. Die Destruenten schließlich sind Kleintiere und Mikroorganismen auf und im Boden. Sie zersetzen tote Lebewesen in einfachere Stoffe und dann in Wasser, Kohlendioxid und Mineralstoffe, sodass sie wieder Bestandteil des Biotops werden.

Jedes Ökosystem ist also ein Kreislauf aus Verfall und Erneuerung, in dem alle einzelnen Teile ineinandergreifen. Das bedeutet aber auch: Wenn sich einer der Bestandteile des Kreislaufs verändert, verändert sich der ganze Kreislauf – und damit das gesamte System. Wenn etwa in einem Korallenriff die Haie verschwinden, steigt die Zahl der kleineren Raubfische, woraufhin die Zahl wichtiger pflanzenfressender Riffbewohner wie die Papageifische abnimmt, die dafür sorgen, dass die jungen Korallen nicht von Algen überwuchert werden.

Jedes Ökosystem ist ein Kreislauf aus Verfall und Erneuerung, in dem alle einzelnen Teile ineinandergreifen.

Ein anderes bekanntes Beispiel dafür, wie stark ein Ökosystem auf Veränderungen reagieren kann, ist der Yellowstone-Nationalpark. Er ist der größte Nationalpark der USA und der älteste weltweit. Nachdem dort im Jahr 1923 der letzte Wolf von Menschen getötet worden war, geriet die Nahrungskette völlig durcheinander. Ohne ihre natürlichen Feinde breiteten sich Bisons und Wapitis ungestört aus, diese wiederum verbissen die Bäume und beanspruchten die Weiden zu sehr – mit dem Ergebnis, dass sich die Artenvielfalt in Yellowstone dramatisch reduzierte. Erst als man 1995 ein Rudel kanadische Wölfe ansiedelte, die Jagd auf die anderen Großtiere machten, stellte sich das ursprüngliche Artenspektrum wieder einigermaßen ein.

Man darf allerdings nicht den Fehler machen und Ökosysteme als isolierte Einheiten begreifen. Nichts in der Natur ist völlig isoliert. Sich scheinbar in einem ewigen Gleichgewicht befindliche Ökosysteme können sich durch äußere Einflüsse, etwa durch Klimaänderungen, Veränderungen in der Zufuhr von Nährstoffen oder durch das Auftauchen einer neuen Art, so wandeln, dass sich nach vielen Jahren ein neues, stark verändertes Beziehungsgefüge einstellt.

Derartige Veränderungen im Kleinen wie im Großen gab es unzählige Male in der Erdgeschichte (im Zeitraffer im letzten Kapitel haben wir einige von ihnen kennengelernt). Deshalb ist es auch nicht überraschend, dass sogar streng geschützte Ökosysteme wie Natur- oder Landschaftsschutzgebiete nicht immer gleich bleiben, sondern von einem Zustand in einen anderen übergehen können. Beispielsweise, wenn sich ein Fluss ein neues Flussbett sucht. Oder wenn bunte Wiesen mit vielen Blütenpflanzen, Insekten und Gräsern durch von benachbarten industriell bewirtschafteten Feldern herangetragene Dünger zu sogenannten Einheitswiesen werden, auf denen es kaum noch Vielfalt gibt. Oder wenn die Erhöhung der Durchschnittstemperatur auf der Erde und die damit einhergehenden länger anhaltenden Dürren Seen und Flüsse in Afrika schrumpfen lassen. Dann verschwinden Savannen und zahlreiche Tiere und Pflanzen, die bisher dort gelebt haben, und es entsteht eine Wüste – ein völlig neues Ökosystem.

Wie genau die Zusammenhänge in einem bestimmten Ökosystem sind und wie und wann Ökosysteme auf Veränderungen reagieren, ist auch zweihundert Jahre nach Humboldt nicht bis ins letzte Detail erforscht. Niemand kann exakt sagen, welche Lebewesen welche Rolle für ein funktionierendes Ökosystem spielen – selbst bei so überschaubaren Ökosystemen wie einem Tümpel ist das Netz der Beziehungen sehr feinmaschig und kompliziert. Außerdem passt sich jede Tier- oder Pflanzenart auf ihre besondere Weise Veränderungen an, was wiederum Folgen für das gesamte System hat, die man nur schwer vorhersagen kann. Insbesondere kann man auch nicht vorhersagen, wann genau ein Ökosystem durch äußere Veränderungen »kippt«, also stirbt (auf dieses sehr wichtige Thema kommen wir später noch einmal zurück).

Mit seiner Vermutung jedoch hatte der deutsche Naturforscher Alexander von Humboldt zweifelsfrei recht: Auf der Erde gibt es die unterschiedlichsten Lebensräume, in denen die jeweiligen Lebwesen in ein riesiges Netzwerk aus Beziehungen eingewoben sind. Das eine Leben kann ohne das andere nicht wachsen und gedeihen. Alles ist mit allem über Stoffkreisläufe verbunden.

Aber da ist noch etwas, was die Millionen von Lebensformen auf der Erde miteinander verbindet. Etwas ganz Entscheidendes, das Humboldt noch nicht wusste.

Warum ist das Leben so unterschiedlich?

Auf diese entscheidende Erkenntnis ist man nämlich erst Mitte des 19. Jahrhunderts gekommen, und sie ist eng mit dem Namen eines anderen berühmten Naturforschers verbunden: dem Engländer Charles Darwin. Darwin verehrte den älteren Alexander von Humboldt sehr, die beiden sind sich sogar einmal begegnet. Doch der Engländer beschäftigte sich mit einer Frage, die Humboldt nur am Rande thematisierte: Warum existieren eigentlich unterschiedliche Arten auf der Erde? Warum sieht das Leben nicht einfach überall gleich aus? Warum gibt es nicht nur Bärtierchen? Oder Katzen? Oder dich (das heißt: dich in milliardenfacher Ausgabe)? Das wäre doch viel übersichtlicher. Stattdessen herrscht auf unserem Planeten ein großes Durcheinander an Lebewesen, bei dem sich niemand so richtig auskennt. Wieso?

Die Antwort, die die Menschen zu Darwins Zeit darauf gaben, lautete ganz einfach: Gott hat die unterschiedlichen Lebewesen eben so, wie sie sind, geschaffen – Punkt. Diese Antwort befriedigte Darwin jedoch nicht. Unter anderem die Lektüre von Humboldts Büchern hatte ihn ja darauf gebracht, dass sich alles in der Natur – das Klima, die Vegetation und vieles mehr – verändert und praktisch nie etwas so bleibt, wie es ist. Vielleicht war das mit den Lebewesen ja auch so? Vielleicht waren auch sie Teil eines ständigen Veränderungsprozesses?

Wie Humboldt unternahm Darwin in jungen Jahren eine ausgedehnte Expeditionsreise nach Südamerika. Er stieg dort allerdings nicht auf einen Berg, sondern besuchte einige Inseln im Pazifischen Ozean, wo er auf ganz traditionelle Weise unterschiedliche Arten, insbesondere Vögel, studierte. Vor allem interessierte er sich dafür, wie sich eine bestimmte Vogelart von Insel zu Insel in gewissen Details unterschied, etwa in der Schnabellänge oder der Gefiederfärbung. Wie konnte das sein, wenn es sich doch um dieselbe Art, um Finken, handelte?

Darwin hörte nicht auf, über diese Frage nachzudenken. Viele Jahre nach seiner Reise entwickelte er schließlich eine Theorie, die er in einem Buch veröffentlichte, das zu den bedeutendsten Büchern der Menschheitsgeschichte zählt: *Der Ursprung der Arten*. Seine Theorie war, dass sich die Arten kontinuierlich verändern und an ihren jeweiligen Lebensraum, also an unterschiedliche Umweltbedingungen, anpassen. Aus einer Vogelart können so verschiedene Unterarten werden – und schließlich sogar Vögel, die ganz anders aussehen und sich ganz anders verhalten als die ursprüngliche Vogelart. Schon das stand im radikalen Gegensatz zur traditionellen Lehrmeinung, wie sie Aristoteles einst im alten Griechenland formuliert hatte: dass nämlich die Arten auf ewig unveränderlich sind. Doch es war nur der erste Schritt in Darwins Theorie.

Das Leben auf der Erde ist eine riesige Familie mit einem gemeinsamen Stammbaum.

Der zweite Schritt war noch radikaler. Wenn sich nämlich, so Darwin, die Arten entwickeln, dann kann man diese Entwicklung weit in die Vergangenheit zurückverfolgen. Und irgendwann kommt man darauf, dass sich die unterschiedlichen Arten nicht unabhängig voneinander gebildet haben, wie Aristoteles und Linné dachten, sondern dass alle Arten *einen* gemeinsamen Vorfahren haben. Dass das Leben auf der Erde eine riesige Familie mit einem Stammbaum ist, in dem sich das Bärtierchen ebenso wiederfindet wie die Quallen, die Elefanten, der Efeu – und du.

Als Darwin das alles erstmals formulierte, schlug es ein wie eine Bombe und führte zu heftigen Auseinandersetzungen. Vor allem der Umstand, dass auch der Mensch seinen Platz in Darwins Stammbaum fand: als eine Affenart, die sich auf eine bestimmte Weise verändert und zu jener Gattung entwickelt hatte, die Linné *Homo sapiens* genannt hatte. Heute ist Darwins Theorie der sogenannten Evolution allgemein anerkannt. Tatsächlich gibt es keine Lebensform auf der Erde, die nicht im Rahmen dieser Theorie erklärbar wäre, und alle Entdeckungen, die die Wissenschaftler nach Darwin gemacht haben, bestätigen seine Theorie im Wesentlichen.

Inzwischen weiß man auch, wie es ganz konkret funktioniert, dass sich die Arten verändern. Von Generation zu Generation wird nicht dieselbe, sondern eine veränderte Erbinformation weitergegeben – entweder durch zufällige Mutation oder durch die Neukombination der Erbinformationen der Eltern. Kommt das leicht veränderte Lebewesen in seinem angestammten Lebensraum dann besser zurecht als ein anderes, hat es einen Überlebensvorteil und damit eine größere Chance, seinerseits seine Erbinformation an die nächste Generation weiterzugeben. Wandelt sich der jeweilige Lebensraum schnell, können sich auch die Arten schnell verändern, doch meistens erstreckt sich dieser Prozess über eine sehr lange Zeit. So wurden im Laufe vieler Jahrmillionen aus Fischen erst an Land lebende vierbeinige Wirbeltiere und daraus dann Säugetiere. Oder aus Algen wurde erst Moos und daraus dann die Blütenpflanzen. Wobei es auch vorkommt, allerdings nur sehr selten, dass sich die Lebewesen praktisch gar nicht verändern, wenn ihr Lebensraum mehr oder weniger immer gleich bleibt. Schon Darwin sprach von »lebenden Fossilien« wie etwa der Schnappschildkröte oder dem Hai, die sich seit ewiger Zeit kaum verändert haben.

Eigentlich ist das alles auch ziemlich logisch. Wenn wir uns noch einmal den Zeitraffer aus dem letzten Kapitel vor Augen halten und uns anschauen, wie viele dramatische Veränderungen die Erde durchlaufen hat, wie oft sich immer wieder neue Bedingungen für das Leben geboten haben, dann brauchte das Leben notwendigerweise einen Mechanismus, um sich diesen neuen Bedingungen immer wieder anzupassen. Würde das Leben diesen Mechanismus der ständigen Veränderung, der Evolution, nicht besitzen, wäre die Erde schon längst ein toter Planet.

Der Reichtum der Arten, die Vielfalt des Lebens auf der Erde ist also das Ergebnis eines Prozesses, der sich in Millionen von Jahren vollzogen hat und sich nach wie vor vollzieht, da sich der Planet insgesamt und die einzelnen Lebensräume auf der Erde ja weiterhin verändern. Jede Art ist der aktuelle Stand einer weit in die Vergangenheit reichenden Entwicklung – und jede Art wird sich auch in Zukunft weiter verändern. Wer weiß, vielleicht gibt es ja in Millionen von Jahren Tintenfische, die wie Schmetterlinge durch die Wälder flattern.

Auf der Erde bilden alle Lebewesen ein einziges, großes, lebendiges Ganzes.

Aber so logisch das alles auch sein mag, man sollte sich trotzdem immer wieder klarmachen, wie revolutionär Darwins Erkenntnis wirklich ist. Sie bedeutet nämlich nicht nur, dass alles Leben auf der Erde miteinander verwandt ist, dass das Bärtierchen, die Katze und du auf molekularer Ebene nach den haargenau gleichen Prinzipien funktionieren – dass sich das Leben auf der Erde also *nur einmal* entwickelt hat.

Sie bedeutet auch, dass es im Grunde genommen auf der Erde so etwas wie unterschiedliche Arten gar nicht gibt. Jedenfalls sind sie nicht klar voneinander abzugrenzen. Auf der Erde bilden alle Lebewesen ein einziges, großes, lebendiges Ganzes.

Ein großes Miteinander

Wie ist das jetzt zu verstehen? Es gibt doch eindeutig *unterschiedliche* Ökosysteme mit *unterschiedlichen* Bedingungen und *unterschiedlichen* Arten, oder? Auch wenn verschiedene Lebewesen in Ökosystemen zusammenleben und auch wenn sie alle vor vielen Jahren einmal aus einer einzigen Lebensform hervorgegangen sind, so lebt doch nicht jede Lebensform in einer Wüste oder im Regenwald, und nicht jede Lebensform bezieht ihre Energie aus dem Licht der Sonne. Warum sollte das alles ein großes Ganzes sein?

Weil man aus dem, was Alexander von Humboldt und Charles Darwin herausfanden, keine andere Schlussfolgerung ziehen kann.

Wenn man nämlich die Prinzipien eines Ökosystems studiert, dann kommt man darauf, dass die Biosphäre der Erde nicht nur eine Ansammlung unterschiedlicher Ökosysteme ist, sondern dass sie *selbst* ein großes Ökosystem bildet, in dem alle Bestandteile ineinandergreifen. Wie in einem kleineren Ökosystem herrscht auch in der Biosphäre insgesamt ein ständiger Austausch von Stoffen zwischen den Lebewesen, dem Gestein und der Luft. Auf unserem Planeten gibt es zahllose Stoffkreisläufe, die alle dazu beitragen, die Biosphäre aufrechtzuerhalten, darunter die Kreisläufe, in denen die Grundbausteine des irdischen Lebens zirkulieren: Wasser, Kohlenstoff und Stickstoff.

Den Wasserkreislauf kennen wir alle aus eigener Beobachtung – es fällt uns ja oft genug Wasser in Form von Regen auf den Kopf. Stark verkürzt kann man ihn so beschreiben: Bei Sonneneinstrahlung verdunstet Wasser aus den Meeren, Seen und fließenden Gewässern oder aus feuchten Wäldern, Wiesen und Mooren, steigt auf, kühlt in höheren Luftschichten ab und bildet dort Wolken, deren gespeichertes Wasser irgendwann entweder am selben Ort oder auch weit entfernt als Regen, Schnee oder Hagel zurück auf die Erde fällt – und damit zurück in die Meere, Seen und fließenden Gewässer. Scheint erneut die Sonne, beginnt alles wieder von vorne. Der Wasserkreislauf prägt unseren

Planeten wie kein anderer. Die Energie der Sonne lässt gigantische Wassermassen in die Atmosphäre aufsteigen, und von dort gelangt es praktisch überallhin, auf die Landflächen und tief in die Erdkruste, wo es unter anderem als Schmiermittel für die langsamen Bewegungen der Kontinente dient. Und vor allem gelangt es in die Lebewesen, die, wie gesagt, zu zwei Drittel aus Wasser bestehen.

Von ebenfalls entscheidender Bedeutung ist der Kohlenstoffkreislauf, denn ohne Kohlenstoff können Lebewesen keine festen Strukturen wie etwa die Knochen der Säugetiere, die Schalen der Muscheln oder das Holz der Bäume aufbauen. Dass Lebewesen und Luft ständig Kohlenstoff austauschen, ist eine Folge der Fotosynthese. Angetrieben durch die Sonnenenergie entnehmen die Pflanzen der Atmosphäre Kohlendioxid und spalten es in Kohlenstoff und Sauerstoff auf. Aus dem Kohlenstoff produzieren sie ihr Gewebe – die Stängel, Blätter und Früchte –, während der Sauerstoff wieder in die Luft entlassen wird. Das Gewebe der Pflanzen wird von den Tieren und natürlich auch von uns Menschen gegessen. Ein Teil davon wird zum Aufbau organischer Strukturen verwendet, ein anderer Teil wird über die Atmung als Kohlendioxid wieder in die Atmosphäre entlassen. Dort beginnt der Kreislauf erneut. Neben diesem für alles Leben unverzichtbaren Beitrag des Kohlendioxids hat das Molekül noch eine weitere sehr nützliche Eigenschaft: Es hält die Sonnenenergie zu einem gewissen Teil in der Atmosphäre fest, sodass es auf der Erde nicht zu kalt ist. Seit vielen Jahrtausenden befindet sich gerade so viel Kohlendioxid in der Luft, dass sich auf dem Planeten eine sehr lebensfreundliche Durchschnittstemperatur eingestellt hat. Je mehr Kohlendioxid in der Atmosphäre ist, desto mehr steigt diese Durchschnittstemperatur an – ein Effekt, der gravierende Auswirkungen hat und den wir später noch genauer beschreiben werden.

Weniger bekannt, aber für das Leben auf der Erde ebenso notwendig ist der Stickstoffkreislauf. Ohne Stickstoff können keine Eiweiße gebildet werden, die im Inneren aller Lebewesen als Botenstoffe dienen. Der Stickstoffkreislauf läuft ganz anders ab als der Kohlenstoffkreislauf. In der Luft ist zwar viel Stickstoff, doch der kann von den Pflanzen oder

Tieren nicht aufgenommen werden. Nur die Destruenten, vor allem die Mikroorganismen, können in einem Ökosystem durch den Abbau abgestorbener Pflanzen und toter Tiere Stickstoffverbindungen herstellen, die im Erdboden in andere stickstoffhaltige Stoffe, sogenannte Nitrate, umgewandelt werden. Diese können dann von den Pflanzen, den Produzenten, wieder verarbeitet werden (wobei ein Teil des Stickstoffs von den Bakterien zurück in die Luft entlassen wird). Und so haben wir einen Kreislauf: Wenn etwa ein Reh Blätter frisst, gelangt der Stickstoff der Produzenten in den Konsumenten. Stirbt das Reh, bilden die Destruenten beim Abbau erneut Stickstoffverbindungen, die im Boden zu Nitraten umgewandelt werden und wieder den Pflanzen zur Verfügung stehen. Und so fort.

Die hier sehr vereinfacht beschriebenen Kreisläufe existieren nicht nur in sämtlichen Ökosystemen der Erde, sondern insgesamt in der Biosphäre der Erde. Und wie in den einzelnen Ökosystemen sind diese Kreisläufe auch in der Biosphäre eng miteinander verbunden und fein aufeinander abgestimmt. Wobei im Gegensatz zu den einzelnen Ökosystemen in der Biosphäre grundsätzlich nichts vergeudet, sondern alles zur Aufrechterhaltung des Lebens wiederverwertet wird, denn das Ökosystem Erde bezieht außer der Energie der Sonne nichts aus seiner Umgebung und gibt außer Wärme auch nichts an die Umgebung ab.

Es gibt nichts auf der Erde, das nicht in irgendeiner Weise mit allem anderen verbunden ist.

Diesen *globalen* Zusammenhang, dieses weltweite Netzwerk konnte Alexander von Humboldt vom Chimborazo aus noch nicht erkennen. Erst wenn man die Erde vom Weltraum aus sieht, erkennt man, dass alles mit allem zusammenhängt. Wie die Stürme aus den afrikanischen Wüsten kleine Sandkristalle über den Atlantik tragen, die im Regenwald des Amazonas als Düngemittel wirken. Wie die dort aufsteigende Feuchtigkeit über den Bergen als Regen niedergeht und das Gestein auswäscht. Wie durch die Erosion Salze in die Ozeane gespült werden, von denen sich wiederum winzige Kreaturen ernähren, die den größten Teil des Sauerstoffs auf der Erde produzieren …

Es gibt nichts auf der Erde, das nicht in irgendeiner Weise mit allem anderen verbunden ist – und die politischen Grenzen, die wir Menschen gezogen haben, spielen dabei keine Rolle. Wenn irgendwo auf der Erde ein Vulkan ausbricht oder ein großes Feuer wütet, spürt man die Auswirkungen an vielen anderen Orten, ja, manchmal sogar auf dem ganzen Planeten. Es gab in der Geschichte schon Vulkanausbrüche, deren Asche sich rund um die Welt verteilte und auf fernen Kontinenten die Temperatur senkte, wie etwa den Ausbruch des Tambora in Indonesien 1815. Und auch wenn die Temperaturen auf unserem Planeten sehr unterschiedlich sind und ganz verschiedene Wetterbedingungen rund um die Welt herrschen, gibt es doch nur ein einziges Klima auf der Erde. Verändert sich dieses globale Klima, gibt es keinen Ort auf dem Planeten, für den das keine Folgen hat.

Wie wir gesehen haben, hat dieses globale Netzwerk im Laufe der Zeit die unterschiedlichsten Arten von Lebensformen hervorgebracht, die ihrerseits das Netzwerk verändert haben, was wieder neue Arten erzeugt hat. Ein bis heute anhaltendes Werden und Vergehen und erneutes Werden.

Zu Humboldts und auch noch zu Darwins Zeiten nahm man an, dass sich die Arten im Wesentlichen in zwei große Bereiche aufteilen. Zum einen die Tiere, die sich dadurch auszeichnen, dass sie beweglich sind und die Energie, die sie zum Wachsen benötigen, durch das Essen anderer Lebewesen beziehen. Und zum anderen die Pflanzen, die sich nicht fortbewegen und ihre Energie aus dem Licht der Sonne beziehen, mit dessen Hilfe sie Zucker und Stärke herstellen, die sie für ihr Wachstum benötigen. (Daher wachsen Pflanzen immer Richtung Sonne.)

Inzwischen ist man aber zu der Erkenntnis gelangt, dass die Pilze, die man ursprünglich den Pflanzen zugeschlagen hat, einen Bereich für sich bilden. Pilze sind zwar nicht beweglich, aber sie beziehen die Energie, die sie zum Wachsen benötigen, nicht von der Sonne, sondern aus ihrer direkten Umgebung. Tatsächlich sind sie eher mit den Tieren als mit den Pflanzen verwandt – und sind in der Gemüseabteilung im Supermarkt eigentlich fehl am Platz.

Und dann gibt es noch einen vierten Bereich, dem die allermeisten

Lebewesen auf der Erde angehören, die jedoch so klein sind, dass man sie bis zur Erfindung des Mikroskops im 17. Jahrhundert gar nicht wahrgenommen hat: die Bakterien. Bakterien bestehen aus nur einer Zelle, und sie unterscheiden sich von allen anderen Lebewesen, auch allen anderen einzelligen Lebewesen, dadurch, dass in ihnen keine Bestandteile anderer Lebewesen existieren. Denn das Leben auf der Erde hat vor eineinhalb Milliarden Jahren eine entscheidende Hürde genommen, als einige Einzeller in andere Einzeller »eingewandert« und dort zu wichtigen Bestandteilen der neuen Zelle geworden sind – auch in jeder deiner Körperzellen befinden sich Teile ursprünglich fremder Zellen. Bakterien sind sozusagen die Urform des Lebens, aber im Unterschied zu vielen anderen Lebensformen der Vergangenheit sind sie nicht ausgestorben, ganz im Gegenteil: In und auf deinem Körper befinden sich etwa zehnmal so viele Bakterien wie normale Körperzellen.

Diese vier großen Bereiche – Tiere, Pflanzen, Pilze und Bakterien – teilen sich wiederum in ganz viele Unterbereiche auf, die sich ihrerseits in weitere Unterbereiche aufteilen, und so weiter. Bei Pflanzen reicht das von Bäumen und Sträuchern über Algen, Farne und Moose bis hin zu Blütenpflanzen. Bei den Tieren gibt es die Säugetiere (dazu zählen bekanntlich auch wir Menschen), die Vögel, die Kriechtiere und Lurche, die Fische und all die wirbellosen Tiere. Pilze wiederum sind eine noch vielfältigere Gruppe von Organismen – mit mehr als fünfzigtausend Arten allein in Europa.

Alle Arten auf der Erde sind etwas Besonderes. Jede sichert durch anatomische und chemische Eigenschaften, individuelle Überlebensstrategien und ihre Anpassungsfähigkeit an einen bestimmten Lebensraum den eigenen Fortbestand. Und dennoch kann man die Arten nicht so voneinander trennen, als würden sie – außer dass sich die eine von der anderen ernährt – völlig unabhängig existieren. Denn Darwins Theorie, nach der sich vor allem die anpassungsfähigsten Lebewesen durchsetzen, bedeutet nicht, dass sich ein Lebewesen immer auf Kosten der anderen durchsetzt. Sondern sie bedeutet, dass jedes Lebewesen aus seiner Situation *das Beste macht*. Und wenn man das Beste aus seiner

Situation machen will, gibt es eine Möglichkeit, die von praktisch allen Lebewesen auf der Erde wahrgenommen wird: Sie knüpfen eine Beziehung zueinander.

Tatsächlich sind die Lebensformen auf der Erde, um ihr Überleben und ihren Fortbestand zu sichern, in ein gigantisches Netz aus Beziehungen eingesponnen. Einige dieser Beziehungen sind deutlich zu erkennen. Bei anderen muss man ganz genau hinsehen.

Die deutlich erkennbaren Beziehungen – die auch wir Menschen ständig eingehen – bestehen innerhalb einer Art. Da gibt es Partnerbeziehungen, Familien und viele Formen von sozialen Gruppen, etwa Schwärme oder Herden, in denen sich komplexe Kommunikationsstrukturen bilden. Solche Beziehungen dienen der Fortpflanzung, der Brutpflege oder dem Schutz vor Raubtieren, zum Beispiel bei Antilopenherden oder Heringsschwärmen. Wenn sich die Tiere innerhalb einer Gruppe als Individuen erkennen, dann spricht man von Vergesellschaftung. Das zeigt sich etwa ganz besonders bei Wölfen, Elefanten, Gorillas oder Delfinen. Hier gibt es eine klare Rangordnung, ein Tier achtet auf das andere, und damit ist auch die Gruppe stark.

Die Lebensformen auf der Erde sind, um ihr Überleben und ihren Fortbestand zu sichern, in ein gigantisches Netz aus Beziehungen eingesponnen.

Etwas genauer hinsehen muss man, wenn man die Beziehungen zwischen den Arten erkennen will. Auch da gibt es unzählige Varianten – die wichtigste davon ist die Symbiose.

In einer Symbiose profitieren beide Lebensformen von der Gemeinschaft. Ameisen beispielsweise schützen Blattläuse vor ihren Fressfeinden und »melken« im Gegenzug ihre Wirte, denn sie lieben den Honigtau, den die Läuse zuvor aus den Pflanzen gesaugt haben. Manche Symbiosen haben sogar eigene Lebewesen *erzeugt*. Aus der engen Gemeinschaft von Algen und Pilzen etwa entstanden die Flechten, Doppelwesen, die so eng miteinander verbunden sind, dass man sie nur unter dem Mikroskop getrennt wahrnehmen kann. Die Alge sorgt hier für die Fotosynthese, während der Pilz Wasser und Nährstoffe aus der Umgebung zieht.

Ganz viele Symbiosen sind lebensnotwendig für beide Partner, zum Beispiel die zwischen Pflanzen und Pilzen – hier werden unaufhörlich Nährstoffe ausgetauscht. Oder die Symbiose von Blütenpflanzen und ihren Bestäubern wie Bienen – hier wird Nahrung gegen Bestäubung, also Fortpflanzung, getauscht. Auch du, die Lebensform Mensch, lebst in einer Symbiose – eben mit all den Bakterien in und auf deinem Körper. Während du deine Darmbakterien mit Essen fütterst, revanchieren sie sich damit, dass sie die Nahrung für dich in lebensnotwendige Nährstoffe und Mineralien aufspalten.

Symbiosen sind *das* Erfolgsprinzip der Natur. Wir haben ja schon erwähnt, dass im Laufe der Erdgeschichte ein einzelliges Lebewesen in ein anderes eingewandert ist. Es lebte sozusagen in diesem weiter, und daraus hat sich irgendwann die erste pflanzliche Zelle entwickelt – eine extreme Form der Symbiose.

Bei Symbiosen geht es nicht immer nur um Nahrung. So haben zum Beispiel manche Krokodile in Afrika mit Vögeln einen Schutzpakt geschlossen. Beide legen ihre Eier auf Sandbänken ab. Während das Krokodil im Wasser ist, passt der Vogel auf die Gelege auf. Kommt ein Nesträuber – egal zu welchen Eiern –, dann stößt der Vogel einen Warnruf aus, und das Krokodil vertreibt den Nesträuber. Der Vogel alleine wäre hilflos gegen ihn, und das Krokodil würde austrocknen, wenn es immer an Land bleiben müsste, um auf die Eier aufzupassen.

Eine andere Form von Beziehung in der Natur ist der Parasitismus, das Schmarotzertum. Bei dieser Überlebensstrategie verschafft sich ein Partner, der Schmarotzer, auf Kosten des anderen, des Wirts, einen Nutzen. Allerdings tötet der Schmarotzer den Wirt nicht, schließlich könnte er ohne ihn nicht überleben. Typische Parasiten sind etwa so lästige Lebewesen wie Läuse oder Zecken. Bei Pflanzen sind das zum Beispiel die Misteln. Während alle diese Parasiten »Außenparasiten« sind, gibt es auch zahllose »Innenparasiten«: Bakterien, Pilze oder Bandwürmer, die zu schweren Krankheiten führen können.

Es finden sich noch unzählige weitere Beziehungen in der Biosphäre, zum Beispiel die wichtige Räuber-Beute-Beziehung oder auch Freundschaften innerhalb einer Art und sogar zwischen den Arten (etwa du und deine Katze oder dein Hund). Niemand kann nachvollziehen, wie eng geflochten dieses Netzwerk aus Beziehungen wirklich ist, aber es steht fest, dass es praktisch kein Lebewesen auf der Erde gibt, das nur für sich existiert. Alles ist ein großes Miteinander.

Mikroskopisch kleine Wesen leben im Inneren des Chamäleons und sorgen dafür, dass dieses seine Nahrung verdauen kann.

Das Chamäleon stellt den Pilzen die Produkte seiner Verdauung zur Verfügung.

Die Pilze verwandeln die Produkte der Verdauung in Nährstoffe für den Kreosotstrauch.

Aus diesen Nährstoffen erzeugt der Kreosotstrauch Sauerstoff, den er an die Luft abgibt.

Der Mauersegler am Himmel atmet den von Pflanzen und Bäumen erzeugten Sauerstoff ein.

Stirbt ein Mauersegler, fällt er ins Meer oder zu Boden, wo sein Körper von Fischen, Vögeln oder Füchsen gefressen wird und die Reste in der Umgebung verteilt werden.

Diese Reste werden von Bakterien zu Nährstoffen verarbeitet.

Mithilfe dieser Nährstoffe wächst der Baum, bildet Blätter aus und produziert Sauerstoff.

Die Maus, der Fuchs, die Eule, das Eichhörnchen und du atmen den Sauerstoff ein und Kohlendioxid wieder aus ...

Und so weiter, und so weiter.

Lebendig zu sein heißt nichts anderes als: miteinander verbunden zu sein. Alle Lebewesen auf der Erde sind in einem riesigen Netzwerk aus ständigem Stoffaustausch und anderen Interaktionen miteinander verknüpft – und Menschen machen da nur einen winzig kleinen Teil aus. In der großen Wohngemeinschaft Erde ist der Mensch nur *ein* Mitbewohner von ganz vielen anderen Mitbewohnern.

Das sehen wir Menschen allerdings völlig anders.

5 // Was für ein Lebewesen ist der Mensch?

»Ich glaube, der Mensch ist am Ende ein so freies Wesen, dass ihm das Recht zu sein, was er glaubt zu sein, nicht streitig gemacht werden kann.«

GEORG CHRISTOPH LICHTENBERG

Ein Besuch im Zoo

Wenn man verstehen will, wo wir Menschen uns in diesem Netzwerk sehen, besucht man am besten einen Zoo und schaut sich dort erst mal nicht die Tiere an – sondern die Menschen. Im Zoo kommen Menschen in den verschiedensten Varianten vor: als Frauen und Männer, als Jungs und Mädchen, oft auch als Babys. Es gibt dort dicke und dünne, kleine und große, schwarze und weiße, laute und leise Menschen. Menschen mit unterschiedlichen Frisuren oder unterschiedlichen Bärten, unterschiedlichen Gesichtern und unterschiedlichen Augenfarben. Manche sind allein im Zoo unterwegs, andere zu zweit, und wieder andere mit ihrer Familie. Alle unterscheiden sich voneinander. Jede oder jeder spricht und verhält sich auf ihre oder seine ganz bestimmte Weise.

Eines jedoch haben sie gemeinsam: Für sie alle ist es eine völlig selbstverständliche Sache, einen Zoo zu besuchen. Warum auch nicht? Auf der ganzen Welt gibt es praktisch in jeder großen Stadt einen Zoo. Zoos zählen zu den beliebtesten Ausflugszielen. Es macht ja auch Spaß, Tiere zu beobachten. Tiere sind toll. Tiere sind interessant. Tiere sind süß.

Ein Zoo ist allerdings viel mehr als nur ein Ausflugsziel, wo man Tiere beobachten kann. Ein Zoo ist ein Ort, an dem sich zeigt, was wir

Menschen tun, und zwar ausnahmslos alle Menschen, ob weiblich oder männlich, ob groß oder klein, ob schwarz oder weiß. Wir ziehen eine Trennlinie zwischen uns und den anderen Lebewesen auf der Erde – zwischen uns und *allen* anderen Lebewesen.

Im Zoo befinden sich die Menschen auf der einen Seite, und die anderen Lebewesen – in manchen Zoos gibt es außer Tieren auch exotische Pflanzen – auf der anderen Seite: in Käfigen, Gehegen und Aquarien. Ist es ein großer Zoo wie beispielsweise der Tierpark Hellabrunn bei uns in München, dann gibt es dort Tiere aus der ganzen Welt. Menschen haben sie dort hingebracht – beziehungsweise ihre Eltern, Ureltern oder noch ferneren Vorfahren, denn die Mehrzahl der Tiere in einem Zoo wird inzwischen dort geboren. Die meisten Zoos versuchen mittlerweile, die Tiere so artgerecht wie nur möglich zu halten, was aber nichts daran ändert, dass sie eigentlich ganz woanders zu Hause sind. Das interessiert uns Menschen allerdings nicht. Wir bestimmen über die Tiere, sie gehören uns, wir machen mit ihnen, was wir wollen.

Wir ziehen eine Trennlinie zwischen uns und den anderen Lebewesen auf der Erde.

Selbstverständlich befinden sich nicht alle Tiere der Erde in Zoos. Es gibt sie auch in Parks, in Reservaten oder in unseren Wohnungen (in freier Natur oder der Wildnis gibt es nicht mehr so viele). Aber auch dort überall gibt es sie nur, weil wir Menschen es ihnen erlauben. Wenn wir die Entscheidung treffen, dass sie dort nicht mehr sein sollen, etwa weil wir den Platz für uns brauchen, dann gibt es sie dort bald auch nicht mehr.

Diese Trennlinie, die wir zwischen uns und allen anderen Lebewesen ziehen, ist eines der grundlegenden Merkmale der Spezies Mensch. Wir halten uns für etwas ganz Besonderes. Nehmen wir nur mal ein paar Redewendungen. Es ist ziemlich abwertend gemeint, wenn wir sagen: »Du benimmst dich wie ein Tier.« Oder: »Du blöde Sau.« Oder: »Du lahme Ente.« Oder: »Du machst ein Affentheater.« Oder: »Hast du einen Vogel?« Manchmal hat es aber auch etwas Niedliches: »Du isst ja wie ein Spatz.« Oder: »Du bist meine süße Maus.« Oder etwas Bewunderndes: »Er ist ganz schön ausgefuchst.«

Wenn wir dagegen »Sie hat sich wirklich menschlich verhalten« oder »Er ist ein echter Mensch« sagen, dann ziehen wir die Trennlinie. Hier beginnt das Besondere des Menschen – nicht weil es keine bösen oder blöden Menschen geben würde, sondern weil wir damit sagen wollen, dass es etwas gibt, was uns allen anderen Lebewesen gegenüber auszeichnet.

Auf den ersten Blick ziehen wir diese Trennlinie ja auch aus gutem Grund. Wir Menschen *sind* etwas Besonderes. Wir errichten Pyramiden, bauen riesige Städte, komponieren Sinfonien, transplantieren Herzen, fliegen mit Flugzeugen um die Welt, fahren mit Schiffen über das Meer, spalten Atome, kommunizieren miteinander über Handys und reisen sogar zum Mond. Wir Menschen haben eine Zivilisation aufgebaut: mit Einkaufszentren, Opernhäusern, Supermärkten, Krankenhäusern, Schulen, Fußballstadien, Autobahnen und vielem mehr. Kein anderes Lebewesen der Erde hat so etwas vollbracht, nicht die Löwen, nicht die Heringe, nicht die Kakteen. Das ist eine einzigartige Leistung. Wir Menschen haben sogar Zoos gebaut, in denen wir uns immer wieder daran erinnern können, dass wir uns von allen anderen unterscheiden, dass wir wirklich etwas Besonderes sind.

Aber der Witz ist: Gerade im Zoo kann man lernen, dass wir uns von den anderen Lebewesen gar nicht so sehr unterscheiden und die Trennlinie gar nicht so deutlich ist, wie sie scheint – trotz unserer Zivilisation.

Eine neue Gattung

Schauen wir uns etwas genauer im Zoo um.

Wie die anderen Lebewesen dort – ob sie Arme und Beine, Flügel oder Flossen haben, ob sie Luft atmen oder Sauerstoff aus dem Wasser filtern, ob sie sich fortbewegen oder im Erdboden wurzeln – sind auch wir Menschen lebendige Organismen. Wie alle anderen bestehen wir aus Zellen, und die Erbinformation in diesen Zellen, die von Generation zu Generation weitergegeben wird, ist aus denselben Bausteinen zusammengesetzt wie bei allen anderen Organismen. Auf dieser ganz grundlegenden Ebene unterscheiden wir uns also nicht wesentlich von einem Walross, einem Pantoffeltierchen oder einem Apfel.

Wie alle Organismen haben wir einen Stoffwechsel und sind auf die Außenwelt angewiesen, um unsere Lebensfunktionen aufrechtzuerhalten. Notfalls können wir es für eine kurze Zeit ohne Essen (etwa einen Monat), ohne Trinken (vielleicht drei oder vier Tage) oder sogar ohne Atmen (höchstens ein paar Minuten) aushalten, aber letztlich müssen wir unseren Körper ständig mit Energie in Form von Luft, Flüssigkeit und Nahrung versorgen – unser ganzes Leben lang. Es hat nie einen Menschen gegeben, bei dem das anders war, und einen solchen Menschen wird es auch nie geben, jedenfalls nicht, solange Menschen einen Körper haben.

Wie alle anderen Lebewesen erhalten wir Menschen unsere Spezies, indem wir uns fortpflanzen (siehe die ganzen Babys im Zoo). Würden wir das nicht tun, gäbe es innerhalb von rund hundert Jahren keinen einzigen Menschen mehr auf der Erde. Denn wie alle anderen sind auch wir sterbliche, vergängliche Lebewesen, ob uns das gefällt oder nicht. Es hat bisher nie einen Menschen gegeben, der nicht irgendwann gestorben ist.

Das alles haben wir Menschen mit den anderen Lebewesen gemeinsam, weil wir wie sie ein Produkt der Evolution sind. Das heißt, wir sind das Resultat unzähliger Veränderungen und Zufälle, das Ergebnis natürlicher Mutationen und des Überlebenskampfes auf der Erde. Wir haben uns nicht selbst erschaffen, sondern die Natur hat die notwendigen Bedingungen bereitgestellt, damit wir uns entwickeln konnten. Und in jedem Abschnitt unserer Geschichte hat die Natur immer wieder eine entscheidende Rolle gespielt. Hätte es in all dieser Zeit nur geringe Abweichungen in den natürlichen Rahmenbedingungen auf der Erde gegeben, hätten womöglich andere Lebewesen eine Zivilisation aufgebaut. Vielleicht die Schnecken oder die Spatzen oder die Mäuse, wer weiß das schon. Wäre vor Millionen von Jahren der große Asteroid an der Erde vorbeigeflogen und hätte sie nicht getroffen, könnte es durchaus sein, dass heute dinosaurierartige Geschöpfe Einkaufszentren, Schulen oder Opernhäuser bauen würden.

Nun gehören wir Menschen allerdings zu einem speziellen Reich von Organismen: zu den Tieren. Wie alle übrigen Tiere müssen auch wir andere Organismen – Pflanzen, Pilze oder Tiere – essen, um am Leben zu bleiben. Wie alle Tiere verwandeln wir diese Nahrung in Energie und scheiden die nicht verwertbaren Reste wieder aus. Und wie alle Tiere halten wir einen möglichst großen Abstand – im Zoo gibt es dafür Käfige – zu jenen Tieren, die *uns* essen wollen.

Im Reich der Tiere wiederum zählen wir zum Stamm der Wirbeltiere. Schau mal bei den Kängurus, Krokodilen oder Pfauen vorbei. Die sehen zwar völlig anders aus als wir Menschen, aber letztlich sind sie nach demselben Bauplan konstruiert. Ihr Körper wird wie unserer von einer genau definierten Knochenstruktur getragen, die das Gehirn mit dem Rückenmark verbindet. Wenn du hingegen zu den Quallen gehst, erkennst du, was wir *nicht* sind: nämlich Lebewesen, die nur aus einer Gallertmasse bestehen.

Im Stamm der Wirbeltiere gehören Menschen zur Klasse der Säugetiere. Das heißt, wir haben die erste Zeit unseres Lebens im Bauch unserer Mütter verbracht, und nach unserer Geburt haben die meisten von uns die Milch unserer Mütter getrunken. Wir alle waren einmal Säuglinge. Im Frühling, wenn viele Jungtiere geboren werden, kann man im Zoo andere Säuglinge beobachten: kleine Wölfe oder Luchse oder Eisbären.

Es geht noch weiter. In der Klasse der Säugetiere zählt man Menschen zur Ordnung der Primaten, den sogenannten Herrentieren. Das sind in der Regel kleine oder große Baumbewohner, deren Daumen und Innenzehen »opponierbar« sind, das heißt, der Daumen kann einem längeren Finger beziehungsweise die große Zehe kann den anderen Zehen so gegenübergestellt werden, dass eine Art Pinzette entsteht. Die Hände und Füße werden damit zu ziemlich nützlichen Greifwerkzeugen. Im Gegensatz zu den übrigen Primaten hat sich der menschliche Fuß allerdings anders entwickelt, weil wir nicht mehr auf Bäumen leben. Aber wenn man sich im Zoo die Hände der Paviane, Gibbons oder mancher Lemuren ansieht, erkennt man, dass sie dieselbe Form haben wie unsere.

Und schließlich: In der Ordnung der Primaten gehören wir zur Familie der Hominiden, der Menschenaffen. Wie alle Hominiden haben wir Schultergelenke, die es unseren Armen ermöglichen, eine vollständige Kreisbewegung zu machen. Aber das sind längst nicht alle Gemeinsamkeiten. Wer sich einmal vor ein Gehege mit Menschenaffen stellt und beobachtet, wie Gorillas, Orang-Utans, Bonobos oder Schimpansen untereinander kommunizieren, wie sie Zärtlichkeiten austauschen, wie sie miteinander streiten und kämpfen, der erkennt, wie groß die Übereinstimmung mit uns Menschen tatsächlich ist. Kein Wunder: Das menschliche Erbgut stimmt zu beinahe neunundneunzig Prozent mit dem unserer nächsten hominiden Verwandten, den Schimpansen, überein. (Schimpansen sind uns sogar so ähnlich, dass sie als einzige Lebewesen neben den Menschen Kriege führen.)

Aber natürlich sind wir keine Schimpansen. Wir sehen anders aus. Wir verhalten uns anders. Wir bilden innerhalb der Familie der Hominiden eine eigene Gattung.

Irgendwann nämlich nahm die Entwicklung der Hominiden einen unterschiedlichen Verlauf. Genauer gesagt: Vor etwa sechs Millionen Jahren gaben im Osten Afrikas einige Hominide die Bäume als Lebensraum auf und besiedelten den Waldrand und die Steppe. Sie lernten, auf zwei Beinen zu gehen. Das brachte ihnen einen größeren Überblick über die Umgebung und den Vorteil, mit den Händen andere Dinge zu tun, als damit nur das Gewicht des Körpers zu tragen.

Es war der Beginn einer Reihe weiterer körperlicher Veränderungen, die uns Menschen bis heute auszeichnen. Als einzige Primaten haben wir eine geschwungene Wirbelsäule. Wir haben längere Beine als Arme. Unsere Haut ist mit Schweißdrüsen versehen, die uns bei großer Hitze kühlen. Wir haben die Reißzähne und einen Großteil des schützenden Fells verloren (wobei den Männern eine Gesichtsbehaarung in Form des Barts geblieben ist). Die Iris unserer Augen ist von einer weißen und nicht von einer dunklen Lederhaut umgeben, sodass wir die Blickrichtung eines Artgenossen erkennen können. Und einiges mehr.

Körperlich betrachtet haben wir Menschen uns also zu sehr speziellen Lebewesen entwickelt. Aber letztlich ist jede Art auf der Erde sehr speziell, denn jede Art unterscheidet sich in ihren körperlichen Merkmalen von anderen. Vergleicht man uns Menschen mit anderen Arten, dann sind unsere körperlichen Merkmale eigentlich nicht allzu aufregend. Man denke nur an manche Krokodile, die mit der Kraft von bis zu zwei Tonnen zubeißen können. Oder an die Flügel von Vögeln, die es ihnen ermöglichen, mühelos vom Erdboden abzuheben und Tausende Kilometer weit zu fliegen. Oder an das feine Gehör von Katzen, mit dem sie Regenwürmer im Erdboden hören können.

Um eine Zivilisation wie die menschliche aufzubauen, muss man also nicht unbedingt brutal zubeißen können oder Flügel haben oder Regenwürmer im Boden hören. Aber man benötigt etwas anderes: ein auf eine bestimmte Weise entwickeltes Gehirn.

Um eine Zivilisation wie die menschliche aufzubauen, benötigt man ein auf eine bestimmte Weise entwickeltes Gehirn.

Vor etwa zwei Millionen Jahren hat sich das Gehirn unserer direkten Vorfahren stark verändert. Es wurde größer, und auch die Anzahl der Nervenverbindungen darin nahm enorm zu. Warum das geschehen ist, weiß man nicht ganz genau – das Gehen auf zwei Beinen spielte dabei wohl eine wichtige Rolle. Rein körperlich gesehen, war das allerdings kein Vorteil. Schon bei der Geburt ist der Kopf menschlicher Säuglinge wegen des großen Gehirns im Vergleich zum Rest des Körpers viel zu groß (einer der Gründe, weshalb eine Geburt so schmerzhaft ist). Außerdem verbraucht ein so großes Gehirn enorm viel Energie.

Doch unsere Vorfahren haben damit Fähigkeiten erlangt, die dazu führten, dass sie sich von den anderen Tieren, insbesondere den anderen Hominiden, absetzten. Eine neue Gattung von Hominiden entstand: die Gattung Homo. Das geschah nicht plötzlich, sondern war wie fast immer in der Evolution ein ganz langsamer Prozess, ein schleichender Übergang zu etwas Neuem. Und wie fast immer in der Evolution entwickelten sich auch in dieser neuen Gattung verschiedene Unterarten.

Die ersten Vertreter der Homininien, der Menschen, hießen *Homo habilis*, die »geschickten Menschen«. Sie lebten im Osten Afrikas. Dann kamen mit *Homo erectus* jene Menschen, die ständig auf zwei Beinen gingen und von Afrika nach Europa und Asien wanderten. So folgte Menschenart auf Menschenart. Was jedoch nicht heißt, dass sie einander ablösten. Oft lebten sie zur selben Zeit. Über eine Million Jahre lang existierten ganz unterschiedliche Varianten von Hominінien auf der Erde. In Afrika, Europa und Asien lebten *Homo heidelbergensis* (mit einem großen Gehirn) und *Homo naledi* (mit kleinerem Gehirn), in Asien der *Denisova*-Mensch (mit sehr breitem Gesicht) und später der *Homo floresiensis* (sehr klein mit großen Füßen), in Europa und Westasien der *Neandertaler* (kräftig und mit dicken Brauenwülsten). Mit hoher Wahrscheinlichkeit gab es noch weitere Arten, die aber bisher noch nicht entdeckt wurden.

Diese Menschenarten hatten Kontakt miteinander, immer wieder paarten sie sich sogar miteinander – so ist im Erbgut aller heutigen Europäer ein geringer Neandertaler-Anteil enthalten. Letztlich aber blieb nur eine Menschenart übrig. Wir. *Homo sapiens*, der »vernunftbegabte«, »verständige« oder »weise« Mensch. (Eigentlich *Homo sapiens sapiens*, denn ganz genau betrachtet gab es noch andere *Hominini sapiens*, doch das zweite *sapiens* lässt man der Einfachheit halber meistens weg.)

Warum vor etwa dreißigtausend Jahren nur diese Menschenart überlebt und als einzige alle Ecken und Enden der Erde besiedelt hat, weiß man auch nicht so genau. Manche Wissenschaftler vermuten, dass *Homo sapiens* der einzige Hominini war, der überall leben konnte, selbst an so ungemütlichen Orten wie Wüsten oder den Polarregionen. Vielleicht war *Homo sapiens* also einfach der größte Anpassungskünstler. Es gibt aber auch Forscher, die sagen, dass sich *Homo sapiens* im Kampf um die Nahrung letztlich als der Brutalere und Rücksichtslosere erwiesen hat.

Was bedeutet es, einen Verstand zu besitzen? Was an diesem Verstand ist eigentlich so menschlich?

Vermutlich wird man diese Frage nie abschließend klären können, denn die Hinweise, die uns die Funde aus dieser fernen Zeit geben, sind sehr spärlich. Aber was wir ganz genau wissen, ist, dass die Entwicklung des Gehirns den Menschen zum Menschen machte, dass wir Menschen uns also in einer Hinsicht grundlegend von Seegurken, Stinktieren und

Libellen und auch von Orang-Utans und Schimpansen unterscheiden. Im Gegensatz zu allen anderen Lebewesen auf der Erde besitzen wir einen Verstand. Einen Intellekt. Einen Geist.

Diese Begriffe verbindet man jedenfalls ganz automatisch mit uns Menschen. Aber nur selten machen wir uns darüber Gedanken, was das wirklich heißt. Was bedeutet es, einen Verstand zu besitzen? Oder anders gefragt: Was an diesem Verstand ist eigentlich so menschlich?

Was uns Menschen ausmacht

Mit Begriffen wie Verstand, Intellekt oder Geist wollen wir ja meistens ausdrücken, dass Menschen sehr intelligent sind – oder überhaupt als einzige Lebewesen auf der Erde wirklich intelligent sind. Aber man hat längst herausgefunden, dass Intelligenz nichts exklusiv Menschliches ist.

Auch andere Lebewesen sind ziemlich intelligent. Ein Tintenfisch beispielsweise kann einfache Puzzles lösen. Eine Antilope kann sich merken, wo das nährstoffreichste Gras wächst. Die Anführerin einer

Elefantenherde weiß auch nach Jahren noch, wo eine Wasserquelle ist, und kann ihre Herde in Dürrezeiten sicher dorthin führen. Oder Hunde: Sie können, ausgebildet als Begleittiere, in gefährlichen Situationen blitzschnell die richtige Entscheidung treffen und ihrem Besitzer so das Leben retten.

Intelligenz definiert man gewöhnlich als die Fähigkeit, Probleme zu lösen, und diese Fähigkeit besitzen auf die eine oder andere Weise fast alle Lebewesen auf der Erde. Ja, von vielen wissen wir noch gar nicht, wie intelligent sie wirklich sind. Bei manchen Rabenvögeln hat man erst vor ein paar Jahren herausgefunden, dass sie allein durch Beobachten und Kombinieren komplizierte Aufgaben lösen können. Als Raben in Tokio mit Wasserwerfern vertrieben werden sollten, weil sie ihre Nester zum Ärger der Stadtverwaltung mitten in der Stadt bauten, schnappten sich die klugen Tiere Drahtkleiderbügel, die auf Leinen hingen, bogen diese und verstärkten damit ihre Nester gegen das Wasser. Die Stadtverwaltung gab schließlich auf.

Die Intelligenz an sich ist es also nicht, die uns Menschen von anderen unterscheidet. Doch auch wenn man zum Verstand noch weitere Eigenschaften als nur das Problemlösen zählt, wird schnell deutlich, dass menschliche Fähigkeiten lediglich Varianten oder Steigerungen von Fähigkeiten sind, die auch andere Tiere besitzen.

Wir Menschen können zwar besonders gut mit Werkzeugen umgehen, aber Werkzeuge verwenden andere Tiere auch. Etwa Affen, wenn sie mit Stöcken in der Erde nach Insekten stochern oder mit einem langen Ast testen, wie tief ein Gewässer ist, bevor sie hindurchwaten. Delfine in Australien stecken sich sogar Schwämme auf die Schnauze, um am Meeresgrund nach Nahrung zu wühlen, ohne sich dabei zu verletzen.

Wir Menschen können uns zwar besonders gut miteinander verständigen (im Gegensatz zu anderen Tieren haben wir einen zum Sprechen sehr gut geeigneten Kehlkopf), aber andere Tiere kommunizieren auch miteinander. Orang-Utans sind in der Lage, Laute nachzupfeifen. Grüne Meerkatzen können Laute mit bestimmten Bedeutungen unterlegen.

Große Tümmler geben sich sogar Namen – an ihren individuellen Signaturpfiffen können sie einander erkennen. Und selbst Pflanzen verfügen nach neuesten Erkenntnissen über eine Art von lautloser Kommunikation – mithilfe chemischer Duftstoffe. So warnen Akazien benachbarte Bäume vor Tieren, die ihre Blätter fressen.

Wir Menschen sind zwar ausgesprochen soziale Geschöpfe, aber viele andere Lebewesen wie Elefanten, Affen, Delfine oder Wölfe verhalten sich ähnlich sozial, leben in Gruppen oder Familien, arbeiten mit ihren Artgenossen zusammen, können sich einsam fühlen, vollziehen rituelle Handlungen oder schließen Freundschaften – etwa Affen mit Vögeln oder Hunde mit Rehkitzen.

Je mehr die Wissenschaft über unsere tierischen Mitbewohner auf dem Planeten in Erfahrung bringt, desto schwerer wird es, zwischen uns Menschen und anderen Lebewesen eine starre Grenze zu ziehen.

Wir Menschen haben zwar eine große Bandbreite von Emotionen entwickelt, aber Emotionen zeigen andere Lebewesen auch. Stirbt beispielsweise ein Elefant, so kommen die anderen der Gruppe zu ihm, berühren den Toten mit ihren Rüsseln und bleiben oft tagelang bei ihm. Man hat Affen beobachtet, die ihre toten Kinder lange mit sich herumtragen. Auch Liebe und Freude, Angst und Wut gibt es bei anderen Arten: das Glück junger Füchse beim Spiel vor der Höhle beispielsweise, den Mut einer Giraffe, wenn Löwen ihr Baby angreifen, oder die Angst von Schweinen auf dem Schlachthof.

Und schließlich: Wir Menschen sind zwar möglicherweise individueller als andere Lebewesen, aber auch andere Tiere haben ausgesprochen individuelle Merkmale. Man muss nur einen Hunde- oder Katzenbesitzer fragen. Oder du nimmst dir im Zoo mal richtig Zeit und beobachtest bestimmte Tiere sehr lange – irgendwann fällt dir auf, wie unterschiedlich sich die Exemplare einer Art verhalten. Auch ein Bauer mit vielen Kühen weiß: Jede Kuh hat ihre Eigenheiten, hat einen Charakter, ist in gewisser Weise eine Persönlichkeit.

Je mehr die Wissenschaft über unsere Mitbewohner auf dem Planeten in Erfahrung bringt, desto schwerer wird es, zwischen uns Menschen und anderen Lebewesen eine starre Grenze zu ziehen, denn in

Tests zeigen viele Tiere Qualitäten, die man ihnen vor nicht allzu langer Zeit noch abgesprochen hatte. Es wird immer klarer, dass die Evolution kein auf ein höheres Ziel hin orientierter Prozess ist, sondern jedes Lebewesen hat sich eben auf seine Weise entwickelt, je nachdem, an welche Veränderungen in seiner Umwelt es sich anpassen musste, um seinen Fortbestand zu sichern. In der Natur gibt es keinen Anspruch auf irgendwelche Besonderheiten.

Und doch ist da etwas, was uns Menschen – nach allem, was die Forschung heute weiß – von allen anderen Lebewesen grundsätzlich unterscheidet. Es ist unklar, ob sich diese Fähigkeit schnell und plötzlich gebildet hat oder ob sie in ganz kleinen Schritten entstanden ist. Man weiß auch nicht genau, warum sie überhaupt entstanden ist. Aber fest steht, dass wir eine Fähigkeit besitzen, die anderen Lebewesen, auch unseren nächsten Verwandten unter den Menschenaffen, fehlt.

Wir besitzen die Fähigkeit, uns etwas *vorzustellen*.

Menschen denken nicht nur darüber nach, wie sie ganz konkret ein bestimmtes Problem lösen können, wie zum Beispiel möglichst schnell und leicht an Nahrung zu kommen. Menschen entwerfen Szenarien zu diesem Problem. Sie malen sich künftige Situationen aus, denken über Alternativen nach, spielen Möglichkeiten durch, die vielleicht nie eintreten. Kurz gesagt: Menschen denken weit über sich selbst und eine konkrete Situation hinaus. Und sie denken sich in andere Menschen hinein.

Diese Fähigkeit zum sogenannten abstrakten oder symbolischen Denken, die es uns ermöglicht, nicht sichtbare und sogar nicht vorhandene Dinge in unsere Überlegungen mit einzubeziehen, ist nicht so exklusiv menschlich, dass Tiere gar keine Ansätze zu einem solchen Verhalten zeigen würden. Bei manchen Arten wie Ratten hat man schon eine gewisse Fähigkeit beobachtet, Situationen zu simulieren, und wer weiß, vielleicht bringt die Evolution eines Tages Kohlmeisen oder Wale hervor, die über sich hinausdenken können.

Und doch war es diese Fähigkeit, mit der unsere Vorfahren, den entscheidenden Schritt zu einer eigenen Gattung machten, denn im

Unterschied zu allen anderen Lebewesen steigert sich die Möglichkeit, im Kopf Szenarien zu entwerfen, beim Menschen etwa ab zwei Jahren rasant. Von da an lernen Kinder, sich gezielt Situationen und deren Folgen auszumalen, *ohne* sie tatsächlich zu erleben. Und sie lernen, diese vorgestellten Situationen mit anderen Menschen zu teilen – um noch mehr darüber herauszufinden, was denkbar *wäre*, was man tun *könnte*, wer man sein *könnte*.

Am Ende dieses Lernprozesses sind wir Menschen in der Lage, uns eine unbegrenzte Vielfalt an zukünftigen Ereignissen und alternativen Welten vorzustellen. Die allermeisten dieser zukünftigen Ereignisse werden nie Wirklichkeit – so ist einer der Autoren dieses Buches nicht als Astronaut in den Weltraum geflogen, und die andere lebt nicht als Verhaltensforscherin im Urwald. Viele *können* gar nicht Wirklichkeit werden, weil sie weit über das hinausgehen, was in unserer Welt tatsächlich existiert oder möglich ist. Wir Menschen können uns nämlich auch Welten vorstellen, in denen es Vampire, Elfen oder Trolle gibt, und wir können in Computerspielen so tun, als seien wir selbst solche fantastischen Wesen.

Wir Menschen verbringen einen guten Teil unserer Zeit in alternativen Welten.

Diese Tatsache hindert uns allerdings nicht daran, dass wir die Realität in unserem Kopf erst mit einem Netz aus Vorstellungen und Möglichkeiten überziehen, bevor wir eine davon Wirklichkeit werden lassen (oder auch nicht). Wir Menschen verbringen einen guten Teil unserer Zeit also in alternativen Welten, die sich nirgendwo anders als in unserem Kopf befinden. Diese Fähigkeit ist wirklich durch und durch menschlich. Sie macht uns tatsächlich zu ganz besonderen Lebewesen.

Sie macht uns aber auch zu ziemlich merkwürdigen Lebewesen. Ja, wir Menschen sind wohl die merkwürdigsten Lebewesen, die es auf der Erde je gegeben hat. Wieso?

Ein seltsames Doppelwesen

Um diese Frage zu beantworten, schauen wir uns noch einmal unseren Körper an.

Unser Körper gehört nämlich gar nicht nur *uns*. Er beherbergt, wie erwähnt, neben den eigenen etwa dreißig Billionen Zellen noch einmal ebenso viele Bakterien (was bei einem Erwachsenen etwa zwei Kilo Körpergewicht ausmacht), die für unser Überleben sehr wichtig sind. Aber davon abgesehen führen diese Bakterien ihr ganz eigenes Leben – nur eben *in uns*.

Oder ein anderes Beispiel: Forscher haben herausgefunden, dass in uns Menschen eine innere Uhr tickt, die sich allerdings nicht nach den Schul- oder Bürostunden richtet, sondern dem natürlichen Rhythmus von Tag und Nacht folgt. Selbst wenn man in einer Stadt lebt und nachts ständig von künstlichem Licht umgeben ist, kann man sich dieser inneren Uhr, dem sogenannten Biorhythmus, nicht entziehen. Wir sind seit Jahrmillionen darauf geprägt, und wie stark diese Prägung ist, wird uns klar, wenn der Tag-Nacht-Rhythmus gestört wird, etwa durch eine Flugreise in eine andere Zeitzone. Dann sind wir nicht nur müde, auch unser Stoffwechsel funktioniert nicht, wie er sollte. Dies gilt für fast alle Lebewesen auf der Erde, schließlich leben wir alle zusammen auf einem Planeten, auf dem es in regelmäßigen Abständen hell und dunkel wird.

Und wenn wir schon beim Tag-Nacht-Rhythmus sind: Praktisch das halbe Leben verbringen wir in einem Zustand namens Schlaf. Daran können wir nichts ändern. Wie alle Lebewesen benötigen wir Menschen immer wieder Ruhephasen, in denen sich unser Körper erholen und unser Gehirn das Erlebte verarbeiten kann (was sich dann wiederum in unseren Träumen äußert, die wir ebenso wenig beeinflussen können). So wie es keinen Menschen gibt, der ohne Essen, Trinken und Atmen auskommt, gibt es auch keinen, der ohne Schlaf auskommt. Wenn wir nicht schlafen, sterben wir.

Unser Körper macht im Laufe der Jahre auch viele Veränderungen durch, die wir gar nicht kontrollieren können. Jeder Körper wird erst größer und stärker, durchläuft die Pubertät und wird erwachsen, bevor er wieder schwächer und irgendwann sehr gebrechlich wird. Aber die Verbundenheit und Abhängigkeit von Vorgängen in der Natur betrifft nicht nur den Körper der Art *Homo sapiens*. Unsere ganze Zivilisation ist ebenso abhängig von dem, was in der Natur geschieht.

Nehmen wir die Temperatur auf unserem Planeten. Im Laufe der Geschichte mussten sich die Menschen immer wieder den Klimaschwankungen auf der Erde anpassen, was bedeutete, dass man mit seiner Familie oder seinem Stamm dorthin gewandert ist, wo es gerade nicht zu kalt und nicht zu heiß war. Das ist jetzt nicht mehr notwendig, inzwischen können wir es uns selbst am kältesten Ort schön warm machen. Aber würde die Durchschnittstemperatur auf der Erde nur um wenige Grad sinken – und solche Schwankungen sind im Laufe der Erdgeschichte schon etliche Male vorgekommen –, dann wäre es mit der menschlichen Zivilisation, wie wir sie heute kennen, innerhalb kurzer Zeit vorbei: Wir könnten schlicht und einfach nicht mehr ausreichend Nahrung erzeugen. Dasselbe gilt für eine Abweichung der Durchschnittstemperatur nach oben – es kann auch zu heiß für eine Zivilisation wie die unsere werden.

Und selbst wenn es in den nächsten Jahrhunderten nicht zu derart dramatischen Schwankungen der Durchschnittstemperatur kommen sollte, beeinflussen Wetterphänomene wie Hurrikane, Überschwemmungen, Sturmfluten oder Hitzewellen und Dürren die menschliche Zivilisation und führen nicht selten zu Katastrophen, die wir nicht verhindern können.

Wir Menschen sind also überhaupt nicht unabhängig von dem, was in der Natur geschieht. Auch wenn wir unser ganzes Leben an einem Ort verbringen würden, der eigentlich nichts mehr mit Natur zu tun hat, etwa im obersten Stock eines Hochhauses oder in einem Habitat auf dem Mars, würden wir dieser Abhängigkeit nicht entkommen. Wir können so weit gehen, wie wir wollen – die Natur nehmen wir immer mit uns mit.

Wir können so weit gehen, wie wir wollen – die Natur nehmen wir immer mit uns mit.

Und so ergibt es eben überhaupt keinen Sinn, zwischen uns Menschen und allen anderen Lebewesen – oder der Natur als Ganzes – eine Trennlinie zu ziehen, denn die Rahmenbedingungen, unter denen unser Leben verläuft, sind auch die Rahmenbedingungen, unter denen das Leben aller anderen Lebewesen verläuft, sei es eine Seegurke, ein Stinktier, eine Hornisse oder was auch immer.

Unsere besondere Fähigkeit zum symbolischen Denken jedoch hat es uns ermöglicht, dass wir uns *im Kopf* von diesen Bedingungen Schritt für Schritt entfernt haben. Es ist nämlich nicht nur eine Frage der Intelligenz und der Werkzeuge, die man verwendet, um sich etwas in der Natur nutzbar zu machen – das tun viele andere Arten ganz genauso. Vielmehr kommt es darauf an, wie weit man über sich hinausdenkt, wie weit man in die Zukunft denkt. Tatsächlich ist keine Lebensform auf der Erde in der Lage, so weit in die Zukunft zu denken wie wir Menschen. In gewisser Weise haben wir die Zukunft überhaupt erst erfunden. Denn die Zukunft ist ja nichts anderes als ein Raum voller Ereignisse, die noch nicht eingetreten sind, und über solche Ereignisse nachzudenken, ist eine menschliche Spezialität.

Die Zukunft allerdings, über die wir am intensivsten nachdenken, ist die *menschliche* Zukunft, und so begannen wir die Natur auf eine Weise zu betrachten, als wären wir *kein* Teil mehr davon, als wären wir etwas anderes.

Das ist ein wirklich unglaublicher Vorgang. Man muss sich nur vorstellen, Kakteen oder Termiten oder Champignons kämen plötzlich auf die Idee, dass sie etwas anderes sind als nur eine natürliche Lebensform von vielen, und träfen die Entscheidung, aus der Natur »auszutreten«, obwohl sie eigentlich nach wie vor Teil davon sind. Das wäre ziemlich irre, oder?

Doch genau das haben wir Menschen getan. Wir sind nicht einfach plötzlich auf diese Idee gekommen, sondern es war ein Prozess, der sich über Zehntausende von Jahren erstreckt hat, und niemand kann rückblickend sagen, wann genau wir diesen geistigen Schritt weg von der Natur vollzogen haben. Aber seither sind wir seltsame Doppelwesen. Wir sind sozusagen in zwei Welten zu Hause.

Einerseits sind wir ein Teil der natürlichen Welt. Andererseits haben wir uns von dieser Welt entfernt und uns eine zweite, ausschließlich menschliche Welt errichtet: eine Welt aus Städten und Fabriken, aus Autos und Flugzeugen, aus E-Mails und Smartphones, aus Fernsehserien, Filmen, Computerspielen und Chatrooms, aus Politik und Gesetzen, aus Schule und Berufen, aus Religion und Kriegen und ganz vielem mehr – eben aus allem, was wir Menschen geschaffen haben und was uns beschäftigt. Diese zweite, menschliche Welt ist nicht unabhängig von der Natur, sie ist kein reines Reich des Menschen. Sie umgibt uns jedoch so sehr, dass sie sich so *anfühlt*, als wäre sie unabhängig von der Natur.

Überleg nur mal: Wenn wir hungrig sind, müssen wir nicht nach Insekten jagen wie die Vögel im Wald – wir gehen in einen Supermarkt und kaufen uns das, was wir brauchen, essen in einem Restaurant oder bestellen uns etwas im Internet. Wenn wir Durst haben, müssen wir nicht nach einer Wasserquelle Ausschau halten wie Kamele in der Wüste – wir öffnen den Wasserhahn, und schon sprudelt das Wasser heraus. Wenn es im Winter draußen bitterkalt ist, dann stört uns das nicht groß – wir haben ja unsere Wohnungen und Häuser, die wir beheizen können. Und wenn wir krank sind oder uns ein Bein brechen, müssen wir den natürlichen Heilungsprozess nicht abwarten – wir gehen zum Arzt oder in ein Krankenhaus und lassen uns ein Medikament verschreiben oder operieren.

Im Laufe der Geschichte hat sich die große Mehrheit der Menschen auf der Erde also immer mehr von der Natur emanzipiert, das heißt, sie hat sich von den Bedingungen, die in der Natur herrschen, weniger abhängig gemacht. Nicht ohne Grund nennt man jene Menschen, die ohne Supermärkte, Wasserhähne und Krankenhäuser im Dschungel, in der Wüste oder in weiten Steppen leben, »Naturvölker« (früher nannte man sie »Wilde« oder »Primitive«). Und nicht ohne Grund beginnt für Jean-Jacques Rousseau, einen der bedeutendsten Philosophen der Weltgeschichte, der im 18. Jahrhundert lebte, die menschliche Zivilisation mit jenem Zeitpunkt, an dem wir aus dem sogenannten »Naturzustand« herausgetreten sind.

Wir Menschen haben es, was das betrifft, also ziemlich weit gebracht. Aber eines hat sich in all den Jahrtausenden, seit es *Homo sapiens* gibt, nicht verändert: Wir Menschen sind immer noch jene Spezies, die sich unaufhörlich etwas vorstellt, die ständig über Ereignisse und Vorgänge nachdenkt, die in den allermeisten Fällen keine direkte Verbindung zur Wirklichkeit haben.

Anders ausgedrückt: Wir Menschen erzählen uns unaufhörlich Geschichten. Über die Welt, in der wir leben. Und über uns selbst.

Die Geschichten, die sich Menschen erzählen

Was heißt das: sich Geschichten erzählen?

Wir haben gesehen, dass Menschen sich von anderen Lebensformen vor allem dadurch unterscheiden, was in ihren Köpfen stattfindet, nämlich dass sie über sich hinausdenken können. Das hatte zur Folge, dass sich mit *Homo sapiens* eine ganz eigene Art von Evolution ausgebildet hat: eine kulturelle Evolution.

Die zweite Welt, die wir Menschen uns geschaffen haben, besteht nämlich nicht nur aus Wasserhähnen, Krankenhäusern und Supermärkten, sondern auch aus Glaube und Aberglaube, Annahmen und Theorien, Sitten und Legenden, Liedern und Witzen, Vorurteilen und Lügen. Sie besteht aus den zahllosen Geschichten, die sich Menschen erzählen: Wir fragen uns, warum etwas in einer bestimmten Situation so ist, wie es ist. Warum sich Menschen auf eine bestimmte Weise verhalten. Oder warum etwas auf eine bestimmte Weise geschehen ist. Und da sich die Welt ständig verändert, verändern sich natürlich auch unsere Geschichten.

Und hier ist der entscheidende Punkt: Das alles verläuft auch in die umgekehrte Richtung. Die Geschichten, die wir uns erzählen, verändern die Welt.

Manche dieser Geschichten befassen sich zum Beispiel mit der Frage, ob das menschliche Leben einen Sinn hat, und wenn ja, was könnte der sein? Hat uns irgendjemand, vielleicht ein Gott, durch einen Willensakt erschaffen? Gibt es einen versteckten Plan hinter all dem, was in der Welt geschieht, und wenn, wie können wir ihn herausfinden? Unzählige Mythen und Religionen erzählen diese Art von Geschichten – und keine ähnelt der anderen. Sie können also unmöglich alle gleich wahr sein. Aber wenn man an eine solche Geschichte glaubt – und die meisten Menschen glauben an eine von diesen Geschichten –, dann hat das gravierende Folgen für die Art und Weise, wie sie sich anderen Menschen und der Welt insgesamt gegenüber verhalten.

Andere Geschichten, die sich Menschen erzählen, handeln davon, dass die einen Menschen mehr wert seien als andere oder dass die einen dazu berufen seien, andere zu beherrschen oder zu kolonisieren. Diese Geschichten hatten ebenfalls gravierende Folgen für das Zusammenleben der Menschen auf der Erde. Sie bildeten die Grundlage für verheerende Kriege und Feldzüge, sie trugen dazu bei, dass ganze Völker vernichtet wurden.

Aber es muss nicht immer nur um so große Dinge gehen. Auch im Kleinen erzählen sich Menschen ständig die unterschiedlichsten Geschichten – etwa in einem Parlament oder in einem Dorf oder in einem Chatroom – über die Art und Weise, wie sie sich anderen Menschen und der Welt gegenüber verhalten sollen. Und sie kommen zu sehr unterschiedlichen Ergebnissen.

Auch wenn sich Menschen im Wesentlichen körperlich sehr ähnlich sind, sind sie *kulturell* sehr verschieden. Denk nur mal daran, was es für unterschiedliche Menschen auf der Welt gibt und gegeben hat. Menschen, die sich auf einen Berg zurückziehen und mit niemandem etwas zu tun haben wollen. Oder Menschen, die nie von ihrer Familie getrennt sein wollen und immer jemanden an ihrer Seite brauchen. Menschen, die andere Menschen auf brutale Weise töten. Oder Menschen, die nicht anders können, als anderen zu helfen. Frauen und Männer können sehr unterschiedlich sein, aber es gibt auch Frauen und Männer, die nicht genau wissen, ob sie Frauen oder Männer sind. Es gab Menschen wie Alexander der Große. Es gab Menschen wie Mahatma Gandhi. Es gibt Menschen wie Donald Trump. Es gibt Menschen wie Jane Goodall. Es gibt Menschen, mit denen du lieber nichts zu tun haben möchtest. Und es gibt Menschen, in die du dich unsterblich verliebst.

Auch wenn sich Menschen im Wesentlichen körperlich sehr ähnlich sind, sind sie kulturell sehr verschieden.

Und dann gibt es ja auch noch *dich* – einen absolut einzigartigen Menschen, den es so zuvor nie gab und so nie wieder geben wird. Aber auch du bist nicht immer derselbe Mensch. Wir Menschen verändern uns, in zwanzig Jahren wirst du vielleicht nicht mehr genau derselbe

sein, der du jetzt bist. Wir können dazulernen, wir können aber auch etwas wieder verlernen.

Menschen haben in den Jahrtausenden ihrer Existenz ebenso viele Grausamkeiten und Dummheiten angestellt wie geniale Dinge vollbracht. Sie sind zu skrupellosesten Taten fähig – und auch zu großem Mut und außergewöhnlicher Kooperation, zu Mitgefühl und Freundlichkeit. Sie haben dazu beigetragen, dass etliche andere Spezies, vermutlich auch andere Vertreter der Gattung Homo, vom Angesicht der Erde verschwunden sind. Sie können aber auch Entscheidungen treffen, die die Auslöschung anderer Arten verhindern. Es hängt ganz davon ab, welche Geschichten sie sich erzählen – an welche Geschichten sie glauben und an welche nicht.

Doch es gibt eine Geschichte, die so stark und mächtig ist, dass sie alle anderen überstrahlt. Ja, dass es uns so vorkommt, als sei diese Geschichte tatsächlich die »Wahrheit«.

Diese Geschichte ist noch gar nicht so alt. Aber ihre Wurzeln reichen weit zurück.

6 // Die Herrscher des Planeten

»Der Mensch aber befindet sich in dieser Welt, in der die Dinge zerbrechen, rutschen, alles mögliche Unheil anstiften. Und er ist natürlich eins von den Dingen.«

LUDWIG WITTGENSTEIN

Warum ist eigentlich etwas so und nicht anders?

Vielleicht kennst du das ja: Man ist an einem bestimmten Ort oder befindet sich in einer bestimmten Situation – und plötzlich geht einem eine ganz grundsätzliche Frage durch den Kopf. Eine Frage wie: Was mache ich hier eigentlich? Oder: Was soll das alles überhaupt?

Zum Beispiel in der Schule. Man hört dem Lehrer zu oder schreibt gerade eine Arbeit. Und plötzlich fragt man sich: Wozu eigentlich Schule?

Oder man ist in der Stadt unterwegs, und überall sind die Straßen mit Autos verstopft. Und man fragt sich: Wofür brauchen wir überhaupt diese ganzen Autos?

Oder man kauft in einem Laden ein, und beim Anblick der unzähligen Produkte fragt man sich: Wer braucht das alles eigentlich?

Oder man steht vor einem riesigen Hochhaus, neben dem man sich so klein wie eine Ameise vorkommt. Und stellt sich die Frage: Warum müssen diese Häuser eigentlich so riesig sein? Wer will das so? Wer findet das gut?

Zugegeben, solche Momente hat man nicht ständig, sie sind sogar recht selten. Die allermeiste Zeit halten wir das, was gerade stattfindet oder was wir gerade tun, für selbstverständlich. In vielen Fällen gibt es ja auch ganz konkrete Gründe für das, was in unserem Leben so geschieht. Warum wir in die Schule gehen. Warum die Stadt voller Autos ist. Warum es so viele Produkte gibt. Warum die Häuser so hoch sind. Und wenn uns diese Gründe mal nicht einleuchten, dann sagen wir uns eben: »Das ist halt so.« Ein älterer Mensch sagt vielleicht zu uns: »Das war schon immer so.« Wenn man gar kein Argument hat, dann fällt auch häufig der Satz: »So sind die Menschen eben.«

Aber wie wir gesehen haben, *sind* die Menschen nicht auf eine bestimmte Weise. Nichts, was Menschen tun oder tun müssen, *ist* einfach so (außer dass sie, wenn sie überleben wollen, ihren Körper ernähren müssen). Schließlich basiert das, was wir tun, auf Geschichten, die ganz unterschiedlich sein können, und so gibt es immer auch Gründe, warum etwas ganz anders sein könnte. Wieso wir vielleicht in eine andere Art von Schule gehen und etwas anderes lernen sollten. Wieso ein Leben mit weniger Dingen ein besseres Leben sein könnte. Oder warum eine Stadt ohne Autos vielleicht eine bessere Stadt sein könnte. Oder, oder, oder.

Menschen sind in der Lage, prinzipiell alles zu hinterfragen.

Menschen sind in der Lage, prinzipiell alles zu hinterfragen, und die Frage »Warum ist das eigentlich so?« ist eine der wichtigsten Fragen, die man stellen kann. Wenn jemand sagt: »Das war doch schon immer so«, oder: »So ist der Mensch eben«, sollte man hellhörig werden und sich fragen, was genau damit eigentlich gemeint ist. *Was* war schon immer so? *Wie* ist der Mensch genau? Denn meistens betreffen solche allgemeinen Aussagen nur ein ganz bestimmtes menschliches Verhalten oder einen ganz bestimmten, oft sehr kurzen Zeitabschnitt.

Manchmal – allerdings sehr, sehr selten – gibt es Aussagen, die praktisch niemand hinterfragt. Weil es uns noch nicht einmal einfällt, diese Frage zu stellen. Weil es *völlig* selbstverständlich ist, dass sich etwas so und nicht anders verhält.

Zum Beispiel die Aussage, dass wir Menschen die tonangebenden Lebewesen auf der Erde sind.

Probier es selbst mal aus und stelle diesen Satz infrage. Allein der Gedanke, er könnte nicht stimmen, hat etwas Merkwürdiges. Alles, was wir bisher darüber gehört haben, wofür sich die Menschen halten und was sie tun, spricht doch *für* diesen Satz. Menschen sind ganz besondere Lebewesen. Menschen sind überall auf der Erde. Menschen haben die Erde grundlegend verändert. Wenn in Geschichtsbüchern von »Weltgeschichte« die Rede ist, dann ist unsere Geschichte gemeint: die Geschichte der Menschheit. Und wenn eines Tages Außerirdische auf der Erde landen, dann werden sie das bestimmt nicht tun, um den Ameisen oder den Algen Hallo zu sagen, sondern eben uns Menschen – den dominierenden Lebewesen auf dem Planeten.

Kurz gesagt: Wir Menschen schmeißen den Laden auf der Erde. Die Erde ist *unser* Planet.

Nun gibt es durchaus Gründe, diese Auffassung infrage zu stellen. Zu diesen Gründen kommen wir gleich. Aber zuerst wollen wir die Frage klären, *warum* fast niemand diese Auffassung hinterfragt. Wie kam es, dass praktisch alle glauben, dass wir Menschen die Herren der Welt sind?

Die Bühne wird bereitet

Betrachten wir uns Menschen etwas genauer, dann ist es eigentlich ziemlich überraschend, dass gerade sie die Spezies sind, die den Planeten dominiert. Trotz ihrer Intelligenz, Rücksichtslosigkeit und Vorstellungskraft sind Menschen nämlich recht schwache Lebewesen.

Menschen leben nicht besonders lange, die wenigsten werden über hundert Jahre alt – ein Grönlandhai lebt vier Mal länger als wir, eine Linde sogar zehnmal länger. Menschen müssen sich rund um die Uhr ernähren – sehr großen Krokodilen reicht eine Mahlzeit im Jahr, der

Saguaro-Kaktus in der Wüste braucht monatelang kein neues Wasser. Menschen halten ungeschützt nur eine bestimmte Temperaturspanne aus – andere Lebewesen wie Pinguine oder Wüstenkäfer fühlen sich dagegen bei tiefen Minusgraden oder großer Hitze pudelwohl.

Im Gegensatz zu anderen Lebensformen sind Menschen auch auf allerlei Hilfsmittel angewiesen, um mit den Bedingungen auf der Erde zurechtzukommen: Sie bauen Häuser, tragen Kleidung, verbessern ihre Sehkraft mit Brillen. Die meiste Zeit herrschten auf der Erde klimatische Bedingungen, mit denen Menschen überhaupt nicht zurechtgekommen wären, hätte es sie damals bereits gegeben. Und als sie schließlich auf den Plan traten, sprach nicht viel dafür, dass gerade sie jene Art sein würden, die einmal den gesamten Planeten besiedeln würde.

Wobei das Wandern und damit auch das Entdecken neuer fremder Orte Eigenschaften von *Homo sapiens* sind. So sind vor etwa achtzigtausend Jahren die ersten Vertreterinnen und Vertreter unserer Art aus Afrika aufgebrochen. Vor siebenundsechzigtausend Jahren erreichten Menschen Asien und Südostasien und dann Australien, vor vierzigtausend Jahren Europa, vor zwanzigtausend Jahren Nordamerika und vor dreizehntausend Jahren Südamerika.

Was trieb diese Wanderungen an? Ein wichtiges Element war ganz sicher die Neugier. Menschen wollen häufig einfach wissen, was sich auf der anderen Seite, hinter dem nächsten Hügel oder jenseits des Meeres befindet. Aber meistens ging es, wie bei allen anderen Lebewesen auf der Erde, schlicht darum, zu überleben, genügend Wasser und vor allem etwas zu essen zu haben. Die Menschen ernährten sich im Wesentlichen von dem, was sie in ihrer näheren Umgebung fanden, und wenn es in einem bestimmten Gebiet nicht mehr genug Tiere zum Jagen und Früchte zum Sammeln gab, zogen sie weiter. Das kam ziemlich häufig vor, denn damals änderte sich das Klima auf der Erde immer wieder, was dazu führte, dass sich auch die Lebensbedingungen in einer Region immer wieder änderten.

Insgesamt ist unser Planet ja erst vor etwa drei Millionen Jahren bedeutend kühler geworden – bis dahin war die Erde ein extrem heißer Ort. Seither wechseln sich in Zeiträumen von etwa hunderttausend Jahren Eiszeiten und Warmzeiten ab. Warum das so ist, ist nicht ganz klar, die Forscher vermuten, dass die Sonne in regelmäßigen Abständen mal mehr und dann wieder weniger Wärme abgibt. Die letzte große Eiszeit begann vor etwa hunderttausend Jahren. Es war fünf bis sechs Grad kälter als heute, was zu enormen Ausbreitungen von Gletschern und der polaren Eisschilde führte. Damals verwandelte sich so viel Wasser in Eis, dass der Meeresspiegel ungefähr hundertdreißig Meter tiefer lag.

Spuren dieser letzten großen Eiszeit sind bis heute sichtbar. Viele Regionen sind übersät mit großen Steinen, sogenannten Findlingen, die von den Gletschern dorthin getragen wurden und liegen geblieben sind, als sich das Eis wieder zurückzog. Es gibt kaum eine Gegend in Europa, die nicht von der Eiszeit auf eine bestimmte Weise geformt wurde. Naturhistorische Museen erzählen davon, und auch in Heimatmuseen kann man sich ansehen, wie stark die Eiszeit unsere Landschaft geprägt hat.

Auch wenn die allermeisten Menschen heutzutage nicht mehr als Nomaden leben, können wir unser Erbe nicht verleugnen.

Aber auch während einer Eiszeit gibt es immer wieder Temperaturschwankungen, die aus einer fruchtbaren Savanne eine Wüste machen können – und umgekehrt. Und so zogen die Vertreterinnen und Vertreter der Art *Homo sapiens* Zehntausende von Jahren als Nomaden über die Erde. Auch wenn die allermeisten Menschen heutzutage nicht mehr als Nomaden leben, können wir unser Erbe nicht verleugnen: Schon unsere langen Beine erinnern uns daran, dass wir einmal Jäger und Sammler waren, die von einem Ort zum anderen zogen.

Dann jedoch ereignete sich etwas sehr Ungewöhnliches. Vor etwa elftausend Jahren ging die letzte große Eiszeit zu Ende, und auf der Erde setzte eine Warmzeit ein. Das war an sich nicht außergewöhnlich, so etwas geschieht immer wieder. Aber diese Warmzeit – das bereits erwähnte Holozän – war ausgesprochen stabil. So stabil, dass sie bis heute anhält. Wann sie enden wird, wissen wir nicht, denn die Entwicklung des Klimas auf der Erde kann langfristig niemand genau vorhersagen. Eines jedoch wissen wir: Die menschliche Zivilisation – also alles, was wir Menschen in Tausenden von Jahren geschaffen haben – hätte es ohne diese Warmzeit nie gegeben. Erst im Holozän wurde es dem Menschen möglich, die Erde vollständig zu besiedeln und zu verändern.

Im Holozän blieben die allermeisten Menschen nämlich keine Jäger und Sammler. Mit dem Ende der letzten Eiszeit geschah etwas, was man im Rückblick als eine der zwei großen Revolutionen in der Geschichte der Menschheit bezeichnet. In beinahe allen Regionen der Welt, angefangen im heutigen Vorderen Orient, wurden Menschen zu Bauern und Viehzüchtern. Sie wurden sesshaft. Das war die sogenannte neolithische Revolution (*neolithisch* kommt aus dem Griechischen und bedeutet jungsteinzeitlich). Sie war davon geprägt, dass wir Menschen begannen, die Natur an unsere Bedürfnisse anzupassen.

Das klingt aus heutiger Sicht selbstverständlich, man würde sagen: Das war doch schon immer so. Aber damals war es etwas radikal Neues. Eben eine Revolution. Jahrtausendelang hatten die Menschen überlebt, indem sie sich an die Welt – an die Natur um sie herum – anpassten. Jetzt aber veränderten sie die Natur: Sie blieben an einem Ort, bauten feste Häuser, rodeten Wälder für Äcker und Weideflächen, legten Sümpfe trocken, errichteten Staudämme. Die Menschen nahmen die Natur nicht mehr einfach so hin, wie sie war, sondern sie gestalteten sie nach ihren Vorstellungen. Sie domestizierten die vorhandenen Wildpflanzen, die vorhandenen wilden Tiere, die vorhandene wilde Landschaft. Sie domestizierten die Natur insgesamt. Aus Jägern und Sammlern wurden Bauern und Handwerker.

Auch diese Entwicklung wurde davon angetrieben, dass die Menschen ihr Überleben sichern wollten. Denn nun waren sie nicht mehr so abhängig von den Vorgängen in der Natur, sondern konnten diese Vorgänge bis zu einem gewissen Grad selbst beeinflussen, was ein großer Vorteil war. Es kam jedoch ein weiterer Faktor hinzu: Von nun an ging es nicht mehr allein darum, das Überleben zu sichern, es ging auch darum, das Leben zu *verbessern*. Größere, bessere Häuser. Schönere, bessere

Kleidung. Abwechslungsreicheres, besseres Essen und Trinken. Praktischere, bessere Werkzeuge und Waffen. Und so weiter.

Die neolithische Revolution war ein fundamentaler Einschnitt in der menschlichen Geschichte – und auch in der Geschichte des Planeten Erde. Sie war der Beginn eines Prozesses, der das Gesicht des Planeten völlig veränderte. Und das war nur möglich, weil das Holozän den Menschen dafür eine geeignete Bühne bereitete. In den meisten Regionen der Erde herrschten nun Temperaturen und Bedingungen, die vergleichsweise günstig für die Menschen waren. Auch wenn das Leben oft sehr hart war, war es in vielen Gegenden nun möglich, Viehzucht und Ackerbau zu betreiben und damit immer mehr Menschen zu ernähren.

Im Holozän gab es zum ersten Mal in der Geschichte von *Homo sapiens* ganz bestimmte zeitliche Muster, an die sich die Menschen über Generationen hinweg gewöhnen konnten. Der Lauf der Jahreszeiten im Holozän, also die klare Abfolge von Frühling, Sommer, Herbst und Winter, bildete die Grundlage für eine langfristige Planung. Man wusste, dass die Saat zu einem bestimmten Zeitpunkt ausgebracht und zu einem späteren Zeitpunkt geerntet werden konnte. Man wusste, in welchem Gebiet welche Pflanzen und welche Tiere gedeihen würden. Man wusste, dass auf einen besonders kalten Winter in der Regel ein sehr warmer Sommer folgte.

Bauernregeln wie »Gibt's im März viel Regen, bringt die Ernte wenig Segen« oder »Ist der September lind, wird der Winter schwach wie ein Kind«, konnten nur entstehen und von Generation zu Generation weitergereicht werden, weil sie ihre Entsprechung in der Realität hatten. Meistens war es eben wirklich so.

Die Jahreszeiten verliefen im Wesentlichen immer ähnlich, und wie sehr sich die Menschen an diese Muster gewöhnten, kann man daran sehen, dass gravierende Abweichungen wie etwa extrem regenreiche Sommer, Überschwemmungen oder Dürren, die die Ernte beeinträchtigten und dramatische Folgen für die Ernährung der Menschen hatten, als völlig überraschend empfunden wurden. So kam es etwa zwischen 1270 und 1900 zu einer kleinen Eiszeit mit zwei extremen Kälteeinbrüchen, die in Europa für sehr kalte Winter und für kurze, kühle Sommer mit wochenlangem Regen sorgten. Das hatte jedes Mal Ernteausfälle und Hungersnöte zur Folge, Millionen Menschen starben, es kam zu Aufständen und Kriegen. Die meisten Menschen waren fest davon überzeugt, es handele sich um eine Strafe Gottes oder böser Mächte. Nicht ohne Grund gab es in einer dieser Phasen, zwischen 1560 und 1660, zahllose Hexenverbrennungen in Europa: Unschuldige wurden für katastrophale Ereignisse in der Natur verantwortlich gemacht und verfolgt.

Insgesamt jedoch ist das Holozän, wie gesagt, eine bis heute äußerst stabile Periode, und nicht nur wir Menschen haben uns an die wiederkehrenden Muster in der Natur gewöhnt und unser Leben darauf ausgerichtet, sondern auch die anderen Lebewesen. So wissen die Grizzlys in Alaska genau, wann und wo die Lachse die Reise an den Ort ihrer Geburt antreten und in den Flüssen zu finden sind. Die Tiere der afrikanischen Steppen wissen, dass ihnen die Regenzeit Fressen und Wasser in Fülle bringen wird. Und die Zugvögel wissen, wann sie ein Land im Herbst verlassen müssen und wann sie im Frühling zurückkehren können.

Den Menschen allerdings bot sich im Holozän die einmalige Gelegenheit, sich nicht nur mit dem Überleben, sondern mehr und mehr auch mit anderen Fragen zu beschäftigen – wie etwa die Frage nach dem Sinn des Lebens oder die Frage, welche Herrschaftsform die beste ist, oder die Frage, welches Kunstwerk am schönsten ist. Es war die einmalige Gelegenheit für uns Menschen, eine Zivilisation zu aufzubauen.

> **Es war eine so lange Zeit, dass die Menschen vergaßen, dass sie einst vollständig abhängig von Geschehnissen in der Natur gewesen waren.**

Erdgeschichtlich betrachtet sind die zehntausend Jahre des Holozäns verschwindend wenig, immerhin existiert unser Planet seit viereinhalb Milliarden Jahren. Wäre die Welt einen Tag alt, dann würden diese zehntausend Jahre noch nicht einmal eine Sekunde ausmachen. Aber verglichen mit der Spanne eines Menschenlebens – und noch vor wenigen Jahrhunderten war fünfzig schon sehr, sehr alt – war es eben eine so lange Zeit, dass sich die Menschen irgendwann sagten: »Das war doch schon immer so.« Es war eine so lange Zeit, dass die Menschen vergaßen, dass sie einst Nomaden gewesen und als Jäger und Sammler von Ort zu Ort gezogen waren. Und sie vergaßen, dass sie einst vollständig abhängig von Geschehnissen in der Natur gewesen waren. Ja, sie bekamen mehr und mehr das Gefühl, sie hätten Macht über die Natur.

Das hatte zwei schwerwiegende Folgen.

Die Vermenschlichung der Natur

Die eine Folge war, dass wir damit begannen, alles, was in der Welt geschieht, was wir in der Welt vorfinden und was wir mit der Welt tun, aus einer menschlichen Perspektive zu betrachten. Vermutlich ist es so, dass jedes Lebewesen die Welt erst einmal grundsätzlich aus seiner Perspektive betrachtet. (Ganz genau können wir das natürlich nicht wissen, trotz unserer Vorstellungskraft sind wir nicht der Lage, uns in eine Eule oder eine Kakerlake hineinzuversetzen.)

Menschen betrachten die Welt aber nicht nur aus ihrer Perspektive, sondern sie legen eine Art menschlichen Filter über die Welt. Das heißt, wir können die Welt gar nicht mehr ohne uns Menschen denken.

Wie stark dieser Filter ist, wird deutlich, wenn man sich vor Augen hält, wie wir uns unsere eigene Geschichte erzählen, also die Geschichte der Menschwerdung. Verkürzt geht diese Geschichte so: Erst waren die Lebewesen auf der Erde primitiv, dann wurden sie immer schlauer und trickreicher, und schließlich entstand der Mensch, das schlaueste und trickreichste Geschöpf, das die Evolution je hervorgebracht hat. Ende der Geschichte.

Tatsächlich gibt es keine Darstellung der Evolution, so detailliert sie auch sein mag, bei der wir Menschen nicht als das logische Endergebnis – das Ziel – einer dreieinhalb Milliarden Jahre langen Entwicklung erscheinen. Es gibt keinen Stammbaum des Lebens, in dem wir uns nicht an die Spitze stellen.

Das entspricht jedoch in keiner Weise dem, was auf der Erde wirklich geschehen ist und geschieht. Die Evolution des Lebens läuft, wie wir gesehen haben, gleichzeitig und in alle Richtungen. Sie kennt keine logischen Endergebnisse oder Ziele – sie geht einfach immer weiter. Aber im Holozän entwickelten die Menschen eine Vorstellung von sich selbst, die sie außerhalb dieser evolutionären Entwicklung stellte: ein in jeder Hinsicht außergewöhnliches Lebewesen.

Diese Vorstellung, die wir von uns selbst haben, zieht sich wie ein roter Faden durch die Menschheitsgeschichte. So sah bereits im alten Griechenland der Philosoph Platon in seinem berühmten Höhlengleichnis die materielle Welt, also die Welt der Tiere und Pflanzen und aller anderen Dinge, als eine Schattenwelt. *Wirklich* waren für ihn nur geistige Vorgänge – und dafür war eben allein der Mensch zuständig.

Dieses Alleinstellungsmerkmal, das Platon als Erster für den Menschen beanspruchte, steigerte sich noch in den großen Weltreligionen. Denn hier hieß es, dass ein Gott uns Menschen auserwählt habe, um über die Welt zu herrschen – niemand anderen sonst. Dieser Gott habe nur uns Menschen mit einer Seele ausgestattet, und wenn wir uns auf

Erden nur richtig verhielten, erwarte uns ein herrliches Leben nach dem Tod.

In den Weltreligionen wird die höchste Macht allerdings noch von einem Gott ausgeübt, der dem Menschen in unterschiedlicher Weise einen Teil seiner Göttlichkeit verleiht (im Christentum etwa dadurch, dass Gott seinen Sohn Jesus Christus als menschgewordenen Erlöser auf die Erde schickt). Mit dem Ende des Mittelalters und der um das Jahr 1700 herum einsetzenden Epoche der Aufklärung wurden die Religionen jedoch mehr und mehr aus dem politischen Geschehen verdrängt. Die Menschen begannen sozusagen, ihr Schicksal selbst in die Hand zu nehmen. Man wollte sich keinem Gott mehr unterordnen, sondern erklärte sich selbst zum »höchsten Wesen«. Hieß es in der Bibel noch, der Mensch solle sich »die Erde untertan machen«, so brauchte es dafür nun keinen göttlichen Auftrag mehr – jetzt erhob sich der Mensch von sich aus über alle anderen Lebewesen und über die gesamte Natur.

Das war eine dramatische Veränderung im menschlichen Denken. Es bedeutete nämlich nicht nur, dass sich Menschen geistige Fähigkeiten zusprachen, die anderen Arten aus ihrer Sicht fehlten. Sondern dass Menschen allein das Recht hatten, zu beurteilen, was in der Welt wirklich einen Wert hat und was nicht. So gab es im Mittelalter beispielsweise Gerichtsprozesse gegen Tiere, etwa gegen Schweine, die ein Feld verwüstet hatten. Man gestand ihnen also eine gewisse Eigenständigkeit zu. Mit der Aufklärung war so etwas nicht mehr möglich – fortan galten Tiere einfach als Sachen, die einem Menschen gehörten. (Bis heute gelten Tiere in der rechtlichen Praxis in erster Linie als Sachen.)

Und gleichzeitig vermenschlichten die Menschen die anderen Lebewesen – die Natur insgesamt – immer mehr. Das heißt, sie projizierten ihr Ich in andere Tiere und interpretierten sie als fühlende, denkende »Menschen« mit guten oder bösen Absichten. Man denke nur an Märchen wie *Der gestiefelte Kater* und *Der Wolf und die sieben Geißlein* oder die vielen listigen Füchse und schlauen Eulen in Tierfabeln.

Das tun wir heute noch. Schau dir irgendeinen Film an, in dem sprechende Tiere vorkommen – mit Tieren haben diese Wesen nichts zu tun, sie verhalten sich letztlich alle wie Menschen. Wir vermenschlichen auch Dinge wie Autos oder Computer oder Roboter. Und auch Wissenschaftler betrachten die Welt oft mit einer menschlichen Brille: Wenn sie etwa sagen, dass die Natur »brutal« ist, dann ist das nichts anderes als eine menschliche Interpretation der Natur.

Obwohl die Astronomen entdeckt haben, dass die Erde nur einer von Milliarden Planeten in unserer Galaxis ist, und obwohl Charles Darwin herausgefunden hat, dass wir Menschen ein zufälliges Ergebnis der Evolution und nicht deren Ziel sind, hat das nichts an unserer Selbsteinschätzung geändert. Wir sehen uns immer noch im Zentrum aller Geschehnisse. Wir sehen uns als diejenigen, die bestimmen, was in der Natur wertvoll ist und was nicht.

Und als diejenigen, die die Natur formen.

Die Eroberung der Natur

Das nämlich war die zweite Folge, die aus dem Holozän resultierte: die tatsächliche Veränderung der Welt. Also nicht nur die Betrachtung der Natur durch einen menschlichen Filter, sondern die ganz konkrete Umgestaltung und Anpassung der Natur für menschliche Zwecke und zu menschlichem Nutzen.

Dieser Prozess lief nicht überall auf der Erde gleich und schon gar nicht in derselben Geschwindigkeit ab. In weiten Teilen Nordamerikas beispielsweise waren die Veränderungen in der Natur, obwohl dort schon lange vor der Ankunft der Europäer im 16. Jahrhundert Menschen lebten, nicht sonderlich groß. Ganz anders in Europa: Hier vollzog sich die Veränderung am intensivsten – und die Europäer nahmen dieses Vorgehen mit in die anderen Erdteile, die sie nach und nach entdeckten und besiedelten.

Es waren drastische Eingriffe in die Natur: Wo zu Beginn des Holozäns riesige Wälder waren, entstanden durch Rodungen vom Mittelalter bis ins 18. Jahrhundert immer mehr Äcker, Felder und Wiesen. Heide-

landschaften bildeten sich, es gab immer mehr Dörfer, Städte wuchsen, ein Netz aus Wegen und Straßen entstand. Immer mehr Flüsse wurden gestaut und Mühlen am Wasser errichtet, Sümpfe wurden trockengelegt und Moore durch Entwässerungsgräben zu Äckern und Feldern gemacht. Die Stollen in den Bergwerken wurden immer tiefer getrieben.

Und dennoch war im Vergleich zu heute noch ein ziemlich großer Teil der Landschaft von Sand, Gestrüpp und vor allem von Wasser bedeckt. Damals stieß man auf Sümpfe, Teiche, Tümpel und Seen, die heute längst trockengelegt sind. Und man begegnete Wölfen, Bären und vielen anderen Tieren, die heute ausgerottet oder vertrieben sind.

Mit der Zeit wurde die Natur immer mehr erobert – bis die Landschaft in Europa eine Form hatte, die in weiten Teilen den menschlichen Bedürfnissen und Vorstellungen entsprach.

Mit der Zeit wurde die Natur nämlich immer mehr erobert – bis die Landschaft in Europa eine Form hatte, die in weiten Teilen den menschlichen Bedürfnissen und Vorstellungen entsprach. Damit einher ging ab Mitte des 17. Jahrhunderts ein starkes Bevölkerungswachstum, was wiederum zu weiteren Eingriffen in die Natur führte, denn mehr Menschen benötigen mehr Anbaufläche, mehr Wohnraum, mehr Straßen, mehr Holz.

Auch das nichtmenschliche Leben wurde diesem Eroberungsprozess unterworfen. Etliche Tiere und Pflanzen wurden durch Zähmung und Züchtung so geformt, dass sie den Bedürfnissen der Menschen entsprachen. Ohne den Menschen gäbe es weder Mais, Gerste, Reis noch Roggen. Ohne den Menschen gäbe es keine Ostbäume. Auch Hafer, Erdnüsse, Zuckerrübe oder Zwiebel und Kartoffel sind Kulturpflanzen. Wildbienen wurden zu Honigbienen gezüchtet. Aus Wildziegen wurden Hausziegen, aus wilden Schafen Hausschafe und die heutigen Pferde, Rinder und Hühner stammen von ihren ebenso wilden Vorfahren ab. Es entstanden auch ganz neue Lebewesen, die es ohne uns Menschen nie gegeben hätte. Die Hunde haben wir ja bereits erwähnt, aber auch das Maultier, eine Kreuzung aus Hauspferdstute und Eselhengst, ist eine »Erfindung« des Menschen.

Arten hingehen, die man nicht zähmen oder verspeisen konnte, die also keinen Nutzen für den Menschen hatten, wurden zu Schädlingen oder Räubern erklärt: Ratten, Mäuse und Füchse, aber auch Maulwürfe, Wiesel und Biber sowie eine Vielzahl von Vögeln und Insekten, die eine Bedrohung für das Vieh, die Obstbäume oder Feldfrüchte darstellten. Sie wurden gejagt und getötet. Oder fast ganz ausgerottet wie Bären und Wölfe, die als Feinde der Menschen galten, da sie deren Nutztiere fraßen, also mit den Menschen um Ressourcen konkurrierten.

Der Filter, durch den wir Menschen die Natur betrachteten, bewirkte also eine konkrete Veränderung der Natur – und diese Veränderung der Natur durch den Menschen verstärkte wiederum den Filter. Daraus ergab sich schließlich im Europa des 17. und 18. Jahrhunderts, mit dem Einsetzen der Aufklärung, die Sichtweise, dass die Menschen »die Herren und Eigentümer der Natur« sind, wie es der französische Philosoph René Descartes ausdrückte. Ein anderer Philosoph, Georges-Louis Leclerc de Buffon, meinte gar, dass der Mensch als »der Herr der Erde« das Recht und die Pflicht habe, eine »gefallene Natur« zu »reparieren« oder zu »verbessern«. Und der Preußische König Friedrich der Große sagte einmal ganz lapidar: »Wer den Boden verbessert, wüst liegendes Land urbar macht und Sümpfe austrocknet, der macht Eroberungen von der Barbarei.«

Die Natur – eine Barbarei, etwas, was keinem nützlichen Zweck dient. Auf so einen Gedanken kommt kein anderes Lebewesen als der Mensch. Wobei nicht alle Menschen auf diesen Gedanken kamen. Viele Ureinwohner Amerikas beispielsweise haben die Natur nicht als etwas gesehen, was man erobern sollte, weite Teile des Landes, in dem sie lebten, bewirtschafteten sie überhaupt nicht (was wiederum den Europäern den Vorwand lieferte, ihnen dieses Land wegzunehmen). Und doch war dieser Gedanke von der Natur als Barbarei – als etwas, das es zu erobern galt – so dominant, dass er der Motor für all die darauf folgenden menschlichen Eingriffe war, die das Gesicht der Welt völlig veränderten.

Im 18. Jahrhundert vollzogen sich diese Eingriffe allerdings immer noch in sehr kleinen Schritten und über einen ziemlich langen Zeitraum. Bis etwas Dramatisches geschah.

Die Entfesselung der Energie

Während die Menschen in Europa und darüber hinaus die Natur immer weiter zähmten und eroberten, machten sie eine erstaunliche Entdeckung. Sie fanden heraus, dass beim Verbrennen von Kohle jede Menge Energie entsteht. Und mit dieser Energie wiederum kann man eine Dampfmaschine betreiben. Oder irgendeine andere Maschine.

Diese Entdeckung vor gut dreihundert Jahren war der Startschuss zur zweiten großen Revolution in der Geschichte der Menschheit, der industriellen Revolution. Im Gegensatz zur neolithischen Revolution, deren Anfänge im Dunkeln liegen, weiß man in diesem Fall ziemlich genau, wer den Startschuss gegeben hat: der englische Ingenieur und Erfinder Thomas Newcomen. Heute kennt fast niemand mehr seinen Namen, und auch zu Lebzeiten war er kein berühmter Mann. Als er 1729 starb, stand in seinem Nachruf nur, dass er »der Erfinder jener erstaunlichen Maschine war, mit der man mittels Feuer Wasser schöpfen kann«. Das war eine ziemliche Untertreibung. Denn mit seiner »erstaunlichen Maschine« hat Newcomen die Menschheit in ein neues Zeitalter katapultiert.

Newcomen hat nicht die Entdeckung gemacht, dass Kohle gut brennt – das wussten die Menschen zu seiner Zeit längst. Damals wuchs die Bevölkerung in England stark, und so wurden immer mehr Wälder gerodet, um Äcker anzulegen, Häuser zu bauen und Energie für die Wirtschaft zu liefern. Und als das Holz knapp wurde, sah man den Ersatz in der Kohle. Viele der Kohlebergwerke lagen jedoch in feuchten Regionen, und das eindringende Grundwasser verhinderte den Kohleabbau in tiefer liegenden Schichten.

Und hier kam Thomas Newcomen ins Spiel. Er entwarf eine Maschine, die Kohle verbrennt, mit der dadurch entstehenden Hitze Wasser zum Kochen bringt und mit dem dadurch entstehenden Wasserdampf einen Kolben antreibt: die dampfgetriebene Pumpe. Diese Maschine wurde dafür verwendet, das Wasser aus den tief in die Erde reichenden

Kohleschächten zu pumpen, um noch tiefer zu graben und noch mehr Kohle fördern zu können. Diese Kohle wiederum verbrannte man, um mehr Maschinen anzutreiben und damit mehr Kohle zu fördern. Und so weiter.

Mit seiner Maschine ermöglichte Newcomen den Menschen also einen leichteren Zugang zu einem der wichtigsten fossilen Rohstoffe. Fossil heißen diese Rohstoffe – neben der Kohle gehören auch Öl und Gas dazu –, weil sie seit Millionen von Jahren tief in der Erdkruste lagern. Sie bestehen vor allem aus den Überresten von Bäumen und anderen Pflanzen, die vor langer Zeit Sonnenenergie gespeichert haben. Wenn man sie verbrennt, wird also eine Jahrmillionen alte, enorme Kraft freigesetzt. So müsste beispielsweise ein Mensch fünfundzwanzig Stunden lang Rad fahren, um dieselbe Energie wie ein Barrel Rohöl (das sind knapp hundertsechzig Liter) zu erzeugen. Mit Newcomens Maschine konnte diese tief in der Erde gespeicherte Kraft zum ersten Mal überall auf der Welt entfesselt und genutzt werden.

Nach der Einführung von Ackerbau und Viehzucht vor zehntausend Jahren war das der zweite fundamentale Einschnitt in der Menschheitsgeschichte. Es war der Beginn des sogenannten Industriezeitalters. Die

Menschen wurden zu unermüdlichen Energieerzeugern, und die Energie, die sie erzeugten, verhalf ihnen dazu, noch mehr Energie zu erzeugen.

Energie hatte in der Menschheitsgeschichte schon immer eine wichtige Rolle gespielt – aber nicht auf diese Weise. Menschen bezogen Energie aus ganz unterschiedlichen Quellen. Sie verbrannten Holz und Torf oder nutzten Wind- und Wasserkraft. Bei allen wesentlichen Dingen wie dem Bau von Häusern oder dem Transport von Gütern jedoch kam die Kraft von Muskeln zum Einsatz: menschliche Muskeln und die Muskeln von Tieren wie Ochsen, Eseln oder Pferden. Die für diese Muskeln notwendige Energie kam von den Pflanzen, die Grundlage der Ernährung für alle Menschen und Tiere. Und die für die Pflanzen notwendige Energie kam von der Sonne. Praktisch alles, was der Mensch über viele Jahrtausende auf der Erde machte, beruhte auf der indirekten Nutzung der Sonnenenergie.

Die Menschen wurden zu unermüdlichen Energieerzeugern, und die Energie, die sie erzeugten, verhalf ihnen dazu, noch mehr Energie zu erzeugen.

Thomas Newcomen aber fand ein Mittel, eine Energieform *direkt* in eine andere umzuwandeln. Wie man also etwas, ein Stück Kohle oder einen Liter Öl, verbrennt, um etwas anderes in Bewegung zu setzen. Das war ein ganz neues, revolutionäres Prinzip der Energienutzung. Auf diesem Prinzip basiert heute unsere gesamte Technik.

Denn mit der Entdeckung dieses Prinzips, mit der Erfindung der Dampfmaschine, nahm, als wären Bremsklötze entfernt worden, die menschliche Zivilisation unaufhaltsam Fahrt auf. Außer in den Bergwerken benutzte man nun die Dampfmaschine, um Webstühle und Spinnmaschinen zu bewegen und damit Stoffe und Textilien in großen Mengen herzustellen. Und man fragte sich, ob man mit dieser Technik nicht auch etwas anderes bewegen könnte wie etwa Wagen auf einer Schiene. Und falls das funktionierte, könnte man ja Güter mit diesen Wagen transportieren. Oder Menschen.

Am 15. September 1830 wurde in England zwischen Liverpool und Manchester die erste Zugstrecke eröffnet, und jetzt gab es kein Halten mehr. *Alles* konnte in Bewegung versetzt werden, wenn man nur die richtige Maschine hatte, um eine Form der Energie in eine andere zu verwandeln.

So entwickelte man etwa den Verbrennungsmotor, der innerhalb von nur einer Menschengeneration das Transportwesen revolutionierte. Man machte sich die Elektrizität nutzbar, die heute alle unsere Geräte, vom Kühlschrank bis zum Smartphone, antreibt. Und man setzte die gewaltigen Energiemengen frei, die in einem Atom gespeichert sind – um Strom zu erzeugen, Fahrzeuge anzutreiben und eine Bombe daraus zu bauen.

Die industrielle Revolution führte dazu, dass uns heute so viel Energie zur Verfügung steht wie nie zuvor. Sie hatte zur Folge, dass das, was Menschen über Jahrtausende hinweg im Rhythmus der Sonne und der Jahreszeiten gemacht hatten, einen ganz eigenen Rhythmus erzeugte. Ein neues Kapitel in der Menschheitsgeschichte wurde aufgeschlagen. Die Menschen begannen, sich eine neue Geschichte von sich selbst zu erzählen: die Geschichte vom »Fortschritt«.

Dieses Wort war bis vor dreihundert Jahren noch völlig unbekannt. Plötzlich jedoch sprach jeder davon, denn all das, was die Menschen schon vor der industriellen Revolution getan hatten, ging nun in so rasender Geschwindigkeit vonstatten, dass sich innerhalb eines Menschenlebens die Welt sichtbar veränderte – und man davon ausgehen konnte, dass diese Veränderung von nun an immer weiter gehen würde.

Die Menschen trieben die Bergwerke noch tiefer in die Erde und bohrten noch tiefer nach Kohle und Öl. Sie höhlten die Erde geradezu aus, sodass unser Planet heute an manchen Stellen wie ein Schweizer Käse wirkt.

Sie legten ein Eisenbahn- und Straßennetz um die Welt, das in manchen Regionen so dicht ist, dass es dort praktisch keine zusammenhängenden Naturräume mehr gibt.

Sie verbanden ganze Ozeane durch Kanäle miteinander.

Sie erhoben sich in die Lüfte, erst mit Heißluftballons, dann mit Düsenjets, und schließlich verließen sie die Erde mit Raketen.

Das alles waren Eingriffe, wie sie die Natur noch nicht erlebt hatte. So wurden in China zu Zeiten der »Eisen- und Stahlkampagne« Mitte des 20. Jahrhunderts innerhalb von wenigen Monaten fast zehn Prozent des Waldes gerodet. In den USA wurde das Militär eingesetzt, um Staudämme zu bauen, die den Mississippi bis heute in seinem künstlichen Flussbett halten. In Island wurde sogar einmal unter riesigen Anstrengungen und Einsatz von sechs Millionen Litern Wasser der Lavastrom eines ausbrechenden Vulkans gekühlt und umgeleitet, damit er den darunter liegenden Hafen nicht beschädigte.

Und nicht nur im Großen wurde die Welt verändert, auch im Kleinen, auf atomarer Ebene, gab es eine Revolution. So stellte der russische Chemiker Dmitri Iwanowitsch Mendelejew 1869 das »Periodensystem der Elemente« vor, in dem er alle damals bekannten chemischen Elemente anordnete. Mit diesem System konnten im 20. Jahrhundert neuartige chemische Prozesse entwickelt und ganz neue Materialien wie Stahl und Plastik, Stoffe wie Pestizide oder Arzneimittel erzeugt werden.

Die rasante Veränderung ergriff das gesamte Leben auf der Erde: das pflanzliche, tierische und schließlich auch das menschliche Leben.

Denn die sich unaufhörlich steigernde Energienutzung und damit die Steigerung der menschlichen Produktivität wirkten sich insbesondere in der Landwirtschaft aus. Die industrielle Revolution war auch eine zweite landwirtschaftliche Revolution. So gab es neue Produktionsmethoden in der Nahrungserzeugung, Traktoren und Mähdrescher erledigten Aufgaben, die früher mit menschlicher oder tierischer Muskelkraft erledigt wurden. In Ackerbau und Viehzucht wurde die Produktivität mit künstlichen Dünge- und Insektenvernichtungsmitteln deutlich gesteigert.

Es entstanden auch neuartige Pflanzensorten, die dafür gedacht waren, möglichst viel Ertrag in möglichst kurzer Zeit zu erbringen. Aus den Kulturpflanzen Mais, Reis und Weizen wurden Hochertragssorten gezüchtet. Dieser Prozess führte dazu, dass heute etliche ursprüngliche Pflanzen und alte Kulturpflanzen mehr oder weniger verschwunden sind und nur noch diejenigen angebaut werden, die am effizientesten wachsen und den größten Gewinn bringen. (Wobei es auch kuriose Ereignisse in diesem Prozess gab: So sind zum Beispiel die meisten Mohrrüben orange, weil ein niederländischer Züchter hellauf begeistert war, als er eines Tages Mohrrüben mit dieser Farbe in seinem Garten entdeckte – Orange ist die Nationalfarbe der Niederlande.)

Und die Nutztiere, mit denen die Menschen über Jahrhunderte hinweg zusammengelebt hatten, wurden zu Fabrikprodukten. Heutzutage formt die Industrie ihre Körper auf eine bestimmte Weise, sie verbringen ihr ganzes Leben in einer künstlichen Umgebung, und wie sie ihr Leben dort verbringen, ist davon abhängig, wie viel Gewinn sie am Ende abwerfen. Das betrifft die Hochleistungskühe, die unsere Milch produzieren. Es betrifft die Hühner, die auf ihr Brustwachstum hin gezüchtet werden (heutzutage essen Menschen am liebsten die Hühnerbrust), oder die Legehennen, die ihr Leben isoliert in kleinen Boxen verbringen und ein Ei nach dem anderen legen. Und es betrifft die Fische in den Fischzuchten, die innerhalb kürzester Zeit fett werden müssen. Ganz viele Tiere wurden zur Ware – nicht ohne Grund ist im Supermarkt von »Wurstwaren« die Rede.

Die Menschen passen die tierischen und pflanzlichen Lebewesen aber nicht nur durch Zuchtprogramme ihren Vorstellungen an – sie greifen auch direkt in das Erbgut ein und erzeugen damit wiederum neuartige Pflanzen und Tiere, die ihnen nützlich sind. Und neuerdings verändern die Menschen sogar sich selbst auf genetischer Ebene und beeinflussen so ihre eigene Evolution: durch das Aussortieren von befruchteten Eizellen, die Anlagen für bestimmte Krankheiten zeigen, oder durch die Ausschaltung bestimmter Krankheitsmerkmale im menschlichen Erbgut. Menschen machen also zunehmend auch Menschen passend – so wie sie alles andere um sich herum seit Beginn der industriellen Revolution immer passender gemacht haben.

Was für eine irre Geschichte diese Geschichte vom Fortschritt doch ist! Man muss sich nämlich immer wieder klarmachen: Es waren nur dreihundert Jahre, in denen sich unsere Welt völlig verändert hat.

Es waren nur dreihundert Jahre, in denen sich unsere Welt völlig verändert hat.

In diesen dreihundert Jahren ereigneten sich natürlich noch viele andere Dinge. Es gab Kriege mit Millionen von Toten und verheerenden Zerstörungen. Es gab großartige Erfindungen wie die Glühbirne, das Telefon, das Penizillin, das Röntgengerät, die Antibabypille, den Computer, das Internet oder die Solarenergie. Und es gab soziale Errungenschaften wie die moderne Demokratie, das Gesundheitssystem, Arbeiter- und Frauenrechte sowie die Allgemeine Erklärung der Menschenrechte.

Aber mit einem haben die Menschen in all der Zeit nie aufgehört: Sie haben immer mehr Energie erzeugt und immer mehr Energie verbraucht. Sie haben damit immer mehr Wälder gerodet, mehr Sümpfe und Moore trockengelegt, mehr Deiche und Staudämme errichtet, mehr Flüsse umgeleitet, mehr Tunnel durch die Berge getrieben, mehr Straßen, mehr Fabriken, mehr Autos, mehr Schiffe, mehr Flugzeuge gebaut. Immer mehr von allem und immer schneller – so schnell, dass man die Zeit nach dem Zweiten Weltkrieg, also ab 1945, als Große Beschleunigung bezeichnet, denn nie zuvor hat die Menschheit so viel Energie produziert und verbraucht und so viele Güter hergestellt.

Und da sind wir also, in der Gegenwart, im 21. Jahrhundert. Die Vertreterinnen und Vertreter der Art *Homo sapiens* haben alle Ecken der Welt besiedelt, haben allen Gefahren und Widerständen getrotzt, die sich ihnen dabei in den Weg stellten, und haben Erfindungen gemacht, die nicht nur einzelne Regionen des Planeten Erde verändert haben, sondern den Planeten insgesamt. Sogar der Himmel, in den wir heute blicken, ist nicht mehr derselbe wie noch vor dreihundert Jahren: Er ist durch menschliche Aktivitäten chemisch ganz anders zusammengesetzt.

Und so wurde aus der »Geschichte der Welt« die »Geschichte der Menschheit«. Das Holozän bot mehr als dreihundert Generationen von Menschen eine Bühne, auf der sie sich ausbreiten und ihre Zivilisation aufbauen konnten. Auf der sie sich immer wieder die Geschichte erzählen konnten, dass sie die tonangebenden Lebewesen auf dem Planeten Erde sind. Und sie haben sich diese Geschichte so lange erzählt, dass jetzt praktisch alle daran glauben und fast niemand sie hinterfragt. Die Menschen sind die Herrscher des Planeten. »Das ist eben so«, sagen wir. Oder: »Das war schon immer so.«

Aber das ist gar nicht wahr. Wir sind nicht die Herrscher des Planeten. Es ist nur eine der vielen Geschichten, die wir uns erzählen.

Und wir sollten sie unbedingt hinterfragen.

7 // Das größte Experiment aller Zeiten

»Wenn man einem kräftigen Mann einen Schubs gibt, passiert in aller Regel nicht viel. Auch unser Planet macht einen ziemlich kräftigen Eindruck. Aber der Schubs, den wir ihm gegeben haben, hat ihn ins Taumeln versetzt.«

BILL MCKIBBEN

Ein historischer Tag

Am 27. Juni 1954 begann in Obninsk, einer kleinen Stadt etwa hundert Kilometer südwestlich von Moskau, das erste Atomkraftwerk der Welt Strom zu produzieren. Eine neue Energiequelle war geboren: Atomenergie, die erzeugt wird, wenn man den Kern eines Atoms spaltet. Sie galt damals als die Zukunftstechnologie schlechthin, denn sie ist vergleichsweise billig, verschmutzt die Luft nicht und liefert enorme Mengen an Strom. Bei der Spaltung eines Uranatoms etwa wird fünfzig Millionen Mal mehr Energie frei als bei der Verbrennung eines Kohlenstoffatoms. Das klang nach der Lösung aller Probleme, schließlich waren die Menschen im Industriezeitalter zu wahren Energiefressern geworden.

Dass bei der Erzeugung von Atomenergie in den Kraftwerken eine extrem gefährliche radioaktive Strahlung freigesetzt wird, sah man in den 1950er-Jahren als beherrschbares Risiko – man musste die Kraftwerke nur sicher genug bauen. Rund um die Welt wurde also ein Atomkraftwerk nach dem anderen in Betrieb genommen. Und obwohl in den

folgenden Jahrzehnten dramatische Katastrophen in Kernkraftwerken wie etwa 1986 in Tschernobyl oder 2011 in Fukushima geschahen, die daran zweifeln lassen, dass man überhaupt ein sicheres Atomkraftwerk bauen kann, gibt es heute in 31 Ländern über vierhundertfünfzig Atomkraftwerke, und mehr als fünfzig weitere befinden sich im Bau. Nur die allerwenigsten Staaten, die Atomenergie nutzen, haben wie Deutschland entschieden, die Nutzung dieser Energie zu beenden.

Der 27. Juni 1954 war aber nicht nur der Auftakt zur Nutzung der Atomenergie. Was an diesem Tag begann, hatte Folgen, mit denen sich die Menschen noch in ferner Zukunft herumschlagen werden. Denn niemand machte sich damals große Gedanken darüber, was mit dem radioaktiven Abfall geschehen sollte, der bei der Produktion von Atomstrom anfällt und über hunderttausend Jahre lang tödliche Strahlung abgibt. Dieser Müll wurde jahrzehntelang in Fässer gesteckt und irgendwo zwischengelagert (manchmal wurde er auch einfach im Meer versenkt). Bis heute. Man plant, hochradioaktiven Atommüll einmal tief unter der Erde in abgeschirmten Höhlen für immer zu lagern, allerdings gibt es weltweit noch kein einziges solches Lager. Aber selbst wenn es sie einmal geben sollte, wird das Problem nicht gelöst sein. Wer kann schon vorhersagen, was in den nächsten hunderttausend Jahren geschieht? Vielleicht legen Erdbeben den Atommüll wieder frei. Oder die Menschen der Zukunft öffnen diese Lager, weil sie vergessen haben, dass sich dort tödliches Material befindet. Oder, oder, oder.

Wieso erzählen wir das alles? Weil der 27. Juni 1954 – ein Datum, das in den allermeisten Geschichtsbüchern nicht erwähnt wird – ein Symbol dafür ist, dass wir Menschen nicht die Herrscher des Planeten Erde sind. Dass wir es nie waren. Und nie sein werden. Als dieses erste von vielen Atomkraftwerken in Betrieb ging, hat man einfach gehofft, dass künftige Generationen Wege finden würden, um das Problem mit dem Atommüll lösen. Anders gesagt: Man hat ein gigantisches Experiment gestartet.

Und genau deshalb sollte der 27. Juni 1954 eigentlich in jedem Geschichtsbuch stehen: weil die menschliche Zivilisation ein einziges großes Herumexperimentieren ist. Menschen experimentierten so lange mit dem Feuer, bis sie wussten, wie sie es zähmen konnten. Menschen experimentierten mit Werkzeugen, die nicht funktionierten, bis sie die geeigneten gefunden hatten. Menschen experimentierten mit Waffen, bis sie welche hatten, mit denen sie andere Lebewesen möglichst effizient töten konnten. Menschen experimentierten auch mit Lebewesen – viele ihrer Pflanzen- und Tierzüchtungen führten nicht zu dem gewünschten Ergebnis und wurden wieder verworfen. Und so weiter. Würde man all die gescheiterten Experimente der Menschheit aufschreiben, es wäre eine ziemlich lange Liste.

In den meisten Fällen waren die Folgen dieser Experimente einigermaßen überschaubar und wirkten sich, wenn überhaupt, nur auf die nahe Zukunft aus. Manchmal jedoch, wie im Fall der Atomenergie, hat das menschliche Herumexperimentieren Auswirkungen, die das Leben auf der Erde für eine sehr lange Zeit beeinflussen werden. Folgen, die zukünftige Generationen werden bewältigen müssen.

Aber so dramatisch und weitreichend die Folgen der Atomenergienutzung auch sind, es gibt ein noch dramatischeres und noch weiter reichendes Experiment, das die Menschen gestartet haben. Es ist ein Experiment mit dem ganzen Planeten. Es ist das größte Experiment aller Zeiten. Und niemand weiß, wie es ausgeht.

Die Verwandlung der Welt

Das größte Experiment aller Zeiten hat einmal vor Jahrtausenden ganz klein begonnen – indem wir Menschen einfach das getan haben, was alle Lebewesen auf der Erde tun. Alle Lebewesen bedienen sich der Stoffe, die sie auf der Erde vorfinden, und nutzen sie für ihre Bedürfnisse und Zwecke. Das heißt, sie wandeln sie in etwas anderes um.

Wenn sich Bakterien, Pilze, Pflanzen oder Tiere ernähren, wandeln sie ihre Nahrung in Energie und Ausscheidungsprodukte um. Nichts anderes tun wir Menschen, wenn wir essen und dann auf die Toilette gehen. Wenn Vögel ein Nest zum Schutz für sich und ihre Jungen bauen, wandeln sie Teile von Bäumen oder Sträuchern in etwas um, was die Bäume und Sträucher von sich aus so nicht zur Verfügung stellen. Dasselbe machen wir Menschen, wenn wir aus Steinen und anderem Material ein Haus bauen.

Das also haben praktisch alle Lebewesen gemeinsam. Da wir Menschen jedoch im Unterschied zu unseren Mitbewohnern auf dem Planeten eine Zivilisation aufgebaut haben, nutzen wir die Stoffe, die wir auf der Erde vorfinden, nicht nur zur Aufrechterhaltung unserer Lebensfunktionen oder zum Schutz vor Wind und Wetter, sondern auch für ganz viele andere Dinge. Wir holen Metalle aus dem Erdboden und verwandeln sie in Autos, Flugzeuge, Schiffe, Telefone und Computer. Aus Sand und anderen Zutaten mischen wir Beton und machen daraus Straßen, Hochhäuser, Einkaufszentren und Fabriken. Wir verwandeln das Holz der Bäume in Tische und Regale, in Papier und Kunstwerke (auch dieses Buch war einmal ein Baum). Ja, selbst das Internet, das aus gar keinem Material zu bestehen scheint, setzt in Wirklichkeit eine Umwandlung von gigantischen Mengen an Rohstoffen in Prozessoren, Rechenzentren und Glasfaserkabel voraus. Wir Menschen verwandeln große Teile der Welt durch die Entnahme und Nutzung natürlicher Stoffe in etwas, was sie ursprünglich nicht war.

Dieser Prozess zog sich, wie gesagt, über Jahrtausende hin. Seit der industriellen Revolution nahm er jedoch immer mehr an Fahrt auf, weil die Menschen nun mithilfe fossiler Brennstoffe als günstige und wirkungsvolle Energiequelle in der Lage waren, tiefer in die Erde zu graben und in weit entlegene Gegenden vorzustoßen, um die dort lagernden Stoffe zu fördern. Und Mitte der 1950er-Jahre – zu einer Zeit, in der nicht zufällig auch die Atomenergienutzung begann – setzte schließlich die Große Beschleunigung ein: Nie zuvor in ihrer Geschichte haben Menschen so viele Stoffe aus der Natur entnommen und in etwas anderes umgewandelt wie in den letzten Jahrzehnten.

Wir Menschen verwandeln große Teile der Welt durch die Entnahme und Nutzung natürlicher Stoffe in etwas, was sie ursprünglich nicht war.

Warum auch nicht? Immerhin hat die Erde so viel zu bieten, was Menschen nutzen können. Ist die Erde nicht riesengroß?

Riesengroß vielleicht, aber eben nicht *unendlich* groß. Wie wir gesehen haben, lautet eine der Grundregeln für Planeten, dass nichts unbegrenzt vorhanden ist. Wir leben auf einer Kugel. Eine Kugel ist ein begrenztes System. Und wenn man in einem begrenzten System einen bestimmten Stoff für seine Bedürfnisse nutzt und verbraucht und das immer intensiver und immer schneller tut – dann ist er irgendwann einmal nicht mehr vorhanden.

Das gilt vor allem für jene Stoffe, die auf der Erde prinzipiell nur in einer bestimmten Menge existieren. Die fossilen Rohstoffe wie Erdöl, Kohle und Erdgas, deren Bildung Millionen von Jahren gedauert hat und auf denen unsere Energieerzeugung basiert. Oder Metalle wie Aluminium, Kupfer, Kobalt und Zink, ohne die alle unsere technischen Geräte nicht funktionieren würden. Auch Uran ist ein Metall, das man aus der Erde holt. Wenn man diese Stoffe nach und nach in etwas anderes verwandelt, wird es sie eines Tages in dieser Form nicht mehr geben.

Wann genau das sein wird, ist von Rohstoff zu Rohstoff unterschiedlich, weil sie in unterschiedlichen Mengen vorkommen und unterschiedlich intensiv abgebaut werden. Bei etlichen Rohstoffen weiß man auch gar nicht, wie viel es davon überhaupt noch gibt. Außerdem werden immer wieder neue Fördermethoden entwickelt, die es ermöglichen, bisher unzugängliche Rohstofflager zu erschließen. Zum Beispiel wurde das Fracking erfunden, eine Methode, um Öl und Gas aus mit herkömmlichen Mitteln nur schwer zugänglichem Gestein herauszupressen, indem man eine chemische Flüssigkeit in die Risse dazwischenpumpt. Doch auch diese Lager werden irgendwann leergeräumt sein, auch die dortigen Rohstoffe wird es irgendwann nicht mehr geben. Denn so erfindungsreich wir Menschen auch sein mögen, niemand kann etwas an der Tatsache ändern, dass wir uns in einem begrenzten System befinden.

Es geht allerdings nicht nur um fossile Rohstoffe oder Metalle, wenn von Grenzen die Rede ist. Es geht auch um jene Ressourcen, die man als »erneuerbar« bezeichnet: Ressourcen, die entweder immer wieder neu genutzt werden können, wie zum Beispiel Wasser, Luft oder fruchtbare Böden, oder die immer wieder neu nachwachsen, wie Bäume oder Tiere. Erneuerbar – das klingt, als seien diese Ressourcen jederzeit und unbegrenzt verfügbar. Das stimmt aber nicht. Bei zu intensiver Nutzung können sie sich nicht schnell genug erneuern – oder überhaupt nicht mehr.

Wenn man etwa in einem Wald Jahr für Jahr mehr Bäume fällt, als nachwachsen können – und die meisten Bäume wachsen sehr, sehr langsam –, dann hat man eines Tages gar keinen Wald mehr, den man nutzen kann. Anfangs fällt diese Entwicklung nicht groß auf, schließlich scheinen immer noch genügend Bäume da zu sein, aber je mehr abgeholzt wird, desto schneller kommt der Moment, in dem der Wald kein richtiger Wald mehr ist und er seine Regenerationskraft verliert. Ein heftiger Sturm oder ein Schädling – wie hierzulande der sich immer weiter ausbreitende Borkenkäfer – können ihn dann leicht ganz zerstören. Einen Wald wiederaufzubauen oder einen neuen Wald anzulegen, dauert aber sehr lange, und der Wald wird auch nie wieder so sein, wie er einmal war.

Es gibt viele andere Beispiele: Wenn man einen Fluss, einen See oder ein Meeresgebiet so stark befischt, dass sich die Fischbestände nicht mehr regenerieren können, wenn also von Generation zu Generation immer weniger Fische geboren werden, dann sind eines Tages keine Fische mehr vorhanden.

Oder wenn man das Grundwasser in der Erde so schnell verbraucht, dass es sich durch natürliche Wasserspeicher wie Wälder und Wiesen nicht mehr regelmäßig auffüllen kann, dann geht eines Tages das Trinkwasser zur Neige.

Oder wenn man Böden so intensiv nutzt, dass sie mehr und mehr auslaugen und immer weniger fruchtbar sind, dann sind sie eines Tages für den Anbau von Nahrung nicht mehr geeignet. Sehr oft werden fruchtbare Böden auch versiegelt, das heißt, es werden Straßen auf ihnen gebaut oder Gebäude oder Industriegebiete errichtet, sodass sie für andere Zwecke gar nicht mehr zur Verfügung stehen.

Doch wann ist der Punkt erreicht, an dem sich erneuerbare Ressourcen nicht mehr erneuern können? Wie bei den nicht erneuerbaren Rohstoffen verhält sich das ganz unterschiedlich. Bei einem Wald ist es anders als bei einem Fischbestand oder einem Trinkwasservorrat. Aber eines gilt auch hier: dass all diese Ressourcen nur in einem begrenzten Ausmaß nutzbar sind.

Der übermäßige Verbrauch von nicht erneuerbaren Rohstoffen und die Übernutzung von erneuerbaren Ressourcen haben inzwischen ein enormes Ausmaß angenommen. Wir Menschen verbrauchen im Moment alle zusammen eindreiviertel Erden pro Jahr, das heißt: Wir benehmen uns, als stünden uns eindreiviertel Erden zur Verfügung. Wir zehren die Erde also langsam aber sicher auf.

Aber das ist nur die eine Seite dessen, was wir tun. Wir wandeln diese Rohstoffe und Ressourcen ja auch noch in etwas anderes um. Und diese zweite Seite stößt ebenfalls an Grenzen – nur in einem anderen Sinn. Denn so wie man einem begrenzten System einen Stoff nicht in unbegrenztem Ausmaß entnehmen kann, so kann man ihm auch nicht in unbegrenztem Maß einen Stoff hinzufügen. Eine weitere Grundregel für Planetenbewohner lautet ja: Alles, was man auf einem Planeten nutzt, bleibt auf diesem Planeten. Nichts verschwindet einfach so, auf magische Weise.

Wir benehmen uns, als stünden uns eindreiviertel Erden zur Verfügung. Wir zehren die Erde langsam aber sicher auf.

Zum Beispiel das Plastik, ein Stoff, der ursprünglich auf der Erde überhaupt nicht vorkommt. Wir stellen Plastik aus Erdöl und anderen Stoffen her, nutzen es für die unterschiedlichsten Zwecke, und nach Gebrauch deponieren wir es irgendwo – in Form von Müll. Plastik ist ein ziemlich junges Material. Es wurde erst im Jahr 1907 erfunden, und es dauerte einige Jahrzehnte, bis es in der heutigen Form genutzt werden konnte. Inzwischen jedoch wird es massenhaft produziert und fast überall verwendet – im Durchschnitt verbraucht jeder Deutsche pro Jahr fast vierzig Kilogramm Plastik. Es ist ja auch ein äußerst nützliches Material. Es ist leicht, und obwohl es nicht aus Metall besteht, ist es ähnlich widerstandsfähig und haltbar. Was wiederum auch das Fatale ist: Wenn Plastik in der Natur entsorgt und irgendwann in die Flüsse, Seen und Meere gespült wird, dann kann es dort bis zu vierhundert Jahre lang bleiben. Oft sind das Dinge, die wir nur für wenige Minuten benutzen: Trinkhalme, Flaschen, Einkaufstüten.

Oder die Gülle und der Dünger, die wir weltweit immer intensiver auf den Feldern ausbringen. Beides ist voller Stickstoff, der dabei hilft, sichere und ertragreichere Ernten zu erzielen. Früher gab es in Europa oft Hungersnöte, weil die Ernte ausfiel oder nicht genug Ertrag brachte, was dank der modernen Landwirtschaft nicht mehr vorkommt. Aber der enorme Einsatz von Gülle und Dünger hat zur Folge, dass die Böden immer häufiger überdüngt werden. Was der Boden an Stickstoff nicht aufnehmen kann, wird vom Regen in die Flüsse und Meere geschwemmt, wo es plötzlich ganze Ökosysteme »düngt«. Mit oft gravierenden Konsequenzen. Viele Pflanzen und Tiere benötigen nämlich nährstoffarme Umgebungen. Man braucht sich nur einmal unterschiedliche Wiesen ansehen. Auf den stark gedüngten, im Frühjahr sattgrünen sogenannten Fettwiesen wachsen außer Löwenzahn kaum andere Blumen. Auf den Magerwiesen hingegen blühen zahllose Blumen und unterschiedliche Gräser – und es wimmelt nur so von Leben.

Auch das Kohlendioxid in der Luft ist in gewisser Weise ein Produkt unserer Verwandlung der Erde. Wir haben es zwar nicht selbst erzeugt, Kohlendioxid gibt es auf der Erde schon seit Millionen Jahren. Aber das meiste davon ist im Boden, in den fossilen Rohstoffen oder in Pflanzen als Kohlenstoff »gebunden«. Wenn wir zum Beispiel Holz verbrennen, um uns zu wärmen, setzen wir damit das Kohlendioxid, das zuvor darin gebunden war, in die Atmosphäre frei. Noch viel mehr Kohlendioxid setzen wir frei, wenn wir Kohle, Öl oder Erdgas verbrennen, um daraus Energie zu gewinnen. Das Kohlendioxid, das auf diese Weise in die Atmosphäre gelangt, verschwindet nicht – es bleibt dort für Jahrhunderte und trägt dazu bei, dass sich die Erde erwärmt.

So wie die Ausbeutung der nicht erneuerbaren Rohstoffe und die Übernutzung der erneuerbaren Ressourcen hat auch die Produktion und Ablagerung von Stoffen in der Natur durch uns Menschen mit der

Großen Beschleunigung massiv zugenommen. Obwohl die Mengen jetzt schon schwindelerregend sind, wird noch immer mehr Plastik produziert und in der Natur deponiert. Werden noch immer mehr Felder gedüngt und wird immer mehr Dünger in die Flüsse und Meere geschwemmt. Werden noch immer mehr fossile Rohstoffe verbrannt und wird immer mehr Kohlendioxid in die Atmosphäre entlassen.

Im Laufe der Jahrzehnte haben sich nur wenige Menschen Gedanken darüber gemacht, ob das alles dem Planeten insgesamt schaden könnte. Die meisten Menschen haben gesagt: »Das ist doch gar nichts Neues. Wir haben die Natur seit jeher für unsere Zwecke genutzt. Der Mensch hat die Erde stets verändert.«

Was wir Menschen gerade mit dem Planeten veranstalten, ist etwas völlig Neues.

Diese Aussage ist auf den ersten Blick ja auch richtig. Menschen haben die Erde tatsächlich seit jeher für ihre Zwecke verändert, geformt und genutzt, und sollte es in tausend Jahren noch Menschen geben, werden sie das immer noch tun. Aber gleichzeitig ist diese Aussage auch völlig falsch. Denn sie ist eben nur auf die Vergangenheit bezogen. Was wir Menschen gerade mit dem Planeten veranstalten, ist etwas völlig Neues. Es übertrifft alles, was unsere Zivilisation je an Veränderungen bewirkt hat.

Wir haben den Planeten Erde aus dem Gleichgewicht gebracht, in dem er sich das ganze Holozän über befunden hat.

Drei Schläge, um einen Planeten aus dem Gleichgewicht zu bringen

Rufen wir uns noch einmal in Erinnerung, wie die Bühne zustande kam, auf der sich die menschliche Zivilisation entfalten konnte. Vor etwa elftausend Jahren beruhigte sich das extreme Klima, und es wurde deutlich milder auf der Erde, sodass die Menschen in fast allen Teilen der Welt Landwirtschaft betreiben und Siedlungen errichten konnten, aus denen später riesige Städte werden sollten.

Sowohl auf der Nord- als auch der Südhalbkugel gewöhnten sich die Menschen an eine relativ geringe klimatische Schwankung. Die globale Durchschnittstemperatur stieg und sank bis auf wenige Ausnahmen um höchstens ein Grad Celsius. Die Menschen – und alle anderen Lebewesen – stellten sich auf den regelmäßigen Wechsel der Jahreszeiten ein und vertrauten von Generation zu Generation darauf, dass es immer so weitergehen würde. Dass sich die Kreisläufe, die die Biosphäre der Erde aufrechterhalten, nie verändern würden. Und das hatte auch seinen guten Grund. Das Holozän ist eben eine äußerst stabile erdgeschichtliche Epoche. Bisher gibt es keine wissenschaftlichen Hinweise darauf, dass sich in absehbarer Zeit eine neue große Eiszeit ankündigt.

Anders ausgedrückt: Die Menschheit hat sich im Holozän ziemlich gut eingerichtet. Dass sich die Biosphäre der Erde – das Klima und das riesige Netzwerk des Lebens auf unserem Planeten – durch die eigene, die *menschliche* Tätigkeit auf dramatische Weise verändern könnte, war für allermeisten Menschen bis weit in das 20. Jahrhundert hinein eine völlig abwegige Idee.

Wobei es schon immer mal wieder Beispiele dafür gab, dass Ökosysteme durch menschliche Einflüsse aus dem Gleichgewicht und sogar zum vollständigen Zusammenbruch gebracht werden können.

Die einst blühende Vegetation der im Pazifischen Ozean gelegenen Osterinseln etwa wurde von ihren Bewohnern massiv ausgebeutet und übernutzt – der Palmenwald wurde für den Bootsbau und zum Heizen abgeholzt, bis nur noch eine Steppe mit wenigen Sträuchern übrigblieb. Von ursprünglich etwa zwanzigtausend Menschen lebten im frühen 18. Jahrhundert, als die ersten europäischen Seefahrer die Insel besuchten, nur noch knapp zweitausend, und das unter erbärmlichen Bedingungen. (Ein weiterer Grund für den Niedergang der Osterinseln waren übrigens auch eingeschleppte Tiere, vor allem Ratten, die auf den Osterinseln keine natürlichen Feinde hatten und den einheimischen Pflanzen schweren Schaden zufügten.) Die berühmten Steinfiguren, die man

dort immer noch vorfindet, sind die stummen Überreste einer Gesellschaft, die ihre eigenen Lebensgrundlagen vernichtet hat.

Oder der Aralsee in Zentralasien. Durch intensive Landwirtschaft und Umleitung riesiger Wassermengen haben Menschen einen der größten Binnenseen der Welt beinahe vollständig ausgetrocknet. Wo es einst ein lebendiges Wasserökosystem gab, erstreckt sich jetzt eine Salz- und Staubwüste, die außerdem durch das jahrzehntelange hohe Eintragen von Düngemitteln und anderen chemischen Stoffen äußerst gesundheitsgefährdend ist. Inzwischen hat man zwar eine Staumauer gebaut, um ein weiteres Schrumpfen zu verhindern, doch der Aralsee, der einmal so groß wie Bayern war, ist heute nur noch ein Schatten seiner selbst.

So schlimm diese Beispiele für die zerstörerische Kraft der Menschen sind, sie haben sich alle auf lokaler oder regionaler Ebene abgespielt. Dass wir Menschen dazu in der Lage sind, einen ganzen Planeten aus dem Gleichgewicht zu bringen, das konnte sich lange niemand vorstellen. Wie soll das auch möglich sein? Wie soll man ein gigantisches System aus Jahreszeiten, aus Meeres- und Windströmungen, aus Regen- und Trockenperioden, aus unendlich vielen Stoffkreisläufen, aus einem fein aufeinander abgestimmten Zusam-

Dass wir Menschen dazu in der Lage sind, einen ganzen Planeten aus dem Gleichgewicht zu bringen, das konnte sich lange niemand vorstellen.

menspiel von Milliarden von Lebewesen so beeinflussen können, dass es zu kippen droht?

Aber das ist möglich. Und leider ist es auch gar nicht so schwer. Man muss dem Planeten nur drei heftige Schläge versetzen.

DER ERSTE SCHLAG: Man vermülle den Planeten.

Im Laufe der letzten Jahrzehnte haben wir so viel Plastik produziert und in der Biosphäre deponiert, dass es inzwischen an jedem Ort der Welt zu finden ist. Kürzlich wurden auf Henderson Island, einer Tausende Kilometer von allen menschlichen Ansiedlungen entfernten Insel, plastikübersäte Strände entdeckt. Was eigentlich keine Überraschung ist, denn die Meere sind voller Plastik, und die Strömungen verteilen es rund um die Welt. In den Ozeanen haben sich inzwischen fünf riesige Plastikstrudel gebildet, einer davon, in der Nähe von Hawaii, ist so groß wie Mitteleuropa. Dort treiben aber nicht nur sichtbare Plastikteile wie Tüten oder Legoklötze, sondern vor allem winzig kleine Teilchen, das sogenannte Mikroplastik, das entsteht, wenn Wasser, Licht und Brandung die größeren Plastikteile allmählich zerkleinern. Dieses Mikroplastik ist überall: in sämtlichen Meeren, Seen und Flüssen der Erde (auch in dem See, Bach, Fluss oder Meer vor deiner Haustür). Vor kurzem haben Forscher es sogar im Eis der Arktis und Antarktis entdeckt. Man nimmt an, dass es in den Ozeanen inzwischen mehr Mikroplastik als Plankton, die Grundlage allen Lebens in den Meeren, gibt.

Eine Folge von alldem ist, dass Seevögel und Meerestiere das bunte Plastik häufig mit Futter verwechseln und fressen – jährlich sterben etwa eine Million Vögel und bis zu hunderttausend Meeressäuger daran. Kaum ein Wal, Fisch oder Seevogel, der, schneidet man ihm nach seinem Tod den Magen auf, nicht voll kleiner oder größerer Plastikteile ist. Und auch wir Menschen sind betroffen, denn über den Verzehr von Fischen gelangt das Mikroplastik, das man nicht herausfiltern kann, in unseren Körper – mit bisher unbekannten gesundheitlichen Folgen.

Ähnliche Auswirkungen haben die Abermillionen Liter von Gülle und Dünger, die wir auf die Felder ausbringen und die von dort teilweise in die Flüsse und Meere geschwemmt werden. Wenn nämlich in einem Ökosystem zu viel Stickstoff vorhanden ist, wachsen bestimmte Pflanzen und Bakterien zu schnell und verbrauchen zu viel Sauerstoff, sodass kaum noch anderes Leben möglich ist. So gibt es in den Meeren inzwischen »Todeszonen«, die derart sauerstoffarm sind, dass ein Fisch, der dort hineingerät, keine Chance hat, lebend wieder herauszukommen. Insgesamt befindet sich in der Biosphäre so viel Stickstoff wie nie zuvor in den letzten achthunderttausend Jahren. Selbst in einem so regulierten Land wie Deutschland sind zahlreiche Grundwasserbrunnen stickstoffbelastet – und damit gesundheitsschädlich.

Das ist also der erste Schlag, den wir der Erde versetzt haben: Wir verwandeln riesige Mengen von Öl in Plastik und riesige Mengen von Stickstoff in Dünger und überschwemmen damit die Natur.

Dann DER ZWEITE SCHLAG: Man nehme seinen Mitbewohnern die Erde weg.

Menschen nutzen inzwischen bis zu zwei Drittel der Landflächen der Erde: für die Landwirtschaft, für Straßen und Städte, für riesige Industriegebiete. In fast ganz Europa gibt es keinen Ort mehr, der nicht

neun Kilometer von einer Straße oder Schiene entfernt ist. Das hat katastrophale Konsequenzen für die anderen Lebewesen, denn je mehr wir einst bewaldete oder moorige Flächen für uns beanspruchen, desto weniger Lebensraum haben diese Lebewesen und desto weniger können sie von einem Ort zum anderen wandern, um Nahrung oder Partner zur Fortpflanzung zu finden. Am schlimmsten trifft das die sogenannten Spezialisten, die sich im Gegensatz zu den Generalisten – wie Ameisen, Löwenzahn, Raben oder auch Menschen, also Lebewesen, die es fast überall auf der Welt gibt – anderen Umweltbedingungen nur sehr schwer oder gar nicht anpassen können. Gibt es etwa keine Bach- und Flussufer mit Steinen und Sonnenplätzen mehr, dann verschwinden die Kreuzottern, die von diesen Bedingungen abhängig sind. Und gibt es keinen Regenwald mehr, dann sterben etliche Affenarten wie Orang-Utans oder Totenkopfäffchen aus, weil sie nur dort leben können.

Die Liste der bedrohten Arten auf der Erde, die sogenannte Rote Liste, wird immer länger – ebenso wie die Liste der Arten, die tatsächlich ausgestorben sind, die es also auf der Erde nie wieder geben wird. (Es sei denn, dass die Evolution sie eines Tages wieder hervorbringt, aber das ist extrem unwahrscheinlich, und wenn, dann dauert es Millionen von Jahren.) Wissenschaftlichen Schätzungen zufolge sterben an einem einzigen Tag bis zu dreihundert Arten aus, die meisten davon winzig und unbekannt. Dass sie unbekannt sind, ist doppelt schlimm: Wir wissen also noch nicht einmal, was wir da verlieren. Seit einigen Jahren jedoch sind auch bekannte Arten wie Igel und Feldhasen in Europa oder Nashörner in Afrika vom Aussterben bedroht.

Insgesamt ist während der letzten Jahrzehnte (also während der Lebenszeit deiner Eltern) fast die Hälfte der Tiere auf der Erde verschwunden: durch legale und illegale Jagd, durch intensive Fischerei, durch das Umwandeln von ursprünglichen Gegenden in landwirtschaftliche Flächen, durch die Vergiftung ihres natürlichen Lebensraumes.

Unter alldem leiden vor allem die Insekten, deren Bestand sich in etlichen Teilen der Welt um bis zu achtzig Prozent reduziert hat – also noch einmal mehr als der Bestand anderer Arten. An ihrem Beispiel kann man gut sehen, welche gewaltigen Auswirkungen der Artenschwund auf die Biosphäre hat. Insekten sind die Hauptbestäuber der Blüten. Gäbe es keine Insekten mehr, würden unsere Landwirtschaft und damit unsere Nahrungsversorgung in kürzester Zeit zusammenbrechen.

Das vom Menschen verursachte Artensterben betrifft ebenso die Pflanzen. Die Pflanzensorten, die der Mensch anders als Mais, Weizen oder Reis nicht immer weiter produziert, verschwinden nach und nach, weil sie keinen Raum mehr haben, um sich zu verbreiten. Wer weiß schon, wie viele wilde oder auch gezüchtete Kartoffelarten es einmal gegeben hat? Dass sie früher in unzähligen Farben und Formen vorgekommen sind? Vielleicht geht uns jetzt gerade, in diesem Moment, eine Sorte verloren, die wir eines Tages noch gut gebrauchen könnten.

Das ist also der zweite Schlag, den wir dem Planeten versetzt haben: Wir verbrauchen, verschmutzen und versiegeln so viele Landflächen und übernutzen so viele Flüsse, Seen und Meere, dass die nichtmenschlichen Lebewesen nach und nach aussterben und das Netzwerk des Lebens in der Biosphäre immer löchriger wird. Und wenn dieses Netzwerk immer löchriger wird, besteht irgendwann die Gefahr, dass es sich völlig auflöst – mit verheerenden Folgen für alles Leben auf der Erde. (Ein Beispiel für eine dieser Folgen sind übrigens Viren-Pandemien wie die Corona-Pandemie 2020. Diese Viren springen nämlich sehr oft von exotischen Tieren auf Menschen über, und je mehr Landflächen Menschen verbrauchen, desto mehr kommen sie in Kontakt mit solchen exotischen Tieren.)

Und schließlich DER DRITTE SCHLAG: Man heize den Planeten immer mehr auf.

Durch die Nutzung der fossilen Rohstoffe blasen wir riesige Mengen an Kohlendioxid in die Atmosphäre und sorgen so dafür, dass die globale Durchschnittstemperatur immer weiter ansteigt. Kohlendioxid gibt es, wie gesagt, seit langem in der Atmosphäre der Erde, es hat sogar einen maßgeblichen Anteil daran, dass das Klima im Holozän deutlich milder wurde. Je mehr Kohlendioxid in der Luft ist, desto weniger strahlt die Energie des Sonnenlichts in den Weltraum zurück, sie bleibt sozusagen, wie in einem Gewächshaus, in der Atmosphäre gefangen – mit dem Effekt, dass es auf der Erde wärmer wird (man spricht auch vom »Treibhauseffekt«). Durch die gigantischen Mengen an Kohlendioxid, die wir Menschen seit Beginn der industriellen Revolution zusammen mit anderen Treibhausgasen wie etwa Methan in die Atmosphäre gepumpt haben, ist es auf dem Planeten allerdings so warm geworden wie zuletzt vor hundertzwanzigtausend Jahren, also zu einer Zeit, als sich unsere direkten Vorfahren noch in einem ganz kleinen Gebiet im Osten Afrikas aufhielten.

Heute sind wir Menschen eine globale Zivilisation mit fast acht Milliarden Individuen, und eine solche Zivilisation ist von den Folgen eines deutlich wärmeren Planeten viel stärker betroffen. So gibt es mehr Dürren und Wetterextreme wie Hurrikane oder Dauerregen. Weil das Eis der Gletscher und der Pole immer weiter abschmilzt, steigt der Meeresspiegel und bedroht die Küstenregionen. Heißere Sommer führen nicht nur zu erhöhter Waldbrandgefahr und größeren Buschfeuern, es kommt auch zu Gesundheitsbeeinträchtigungen, denn der menschliche Körper kann auf Dauer mit großer Hitze nicht umgehen. Es gibt inzwischen Regionen auf der Erde, in denen sich Menschen im Sommer praktisch gar nicht mehr im Freien aufhalten können. Auch in Europa sind die Folgen der Klimaerwärmung mehr als deutlich spürbar: Flüsse haben im Sommer so wenig Wasser, dass sie nicht mehr befahrbar sind, und es gibt immer mehr Ernteeinbußen.

Diese drei Schläge haben die Erde in einen Zustand versetzt, den es so noch nie gab.

Die vergangenen Jahre waren die wärmsten, die je von Menschen auf der Erde gemessen wurden, und kein seriöser Wissenschaftler oder Wissenschaftlerin bestreitet, dass die vom Menschen verursachten Emissionen dafür verantwortlich sind.

Der dritte Schlag, den wir dem Planeten versetzen, besteht also darin, dass wir die Temperatur auf der Erde in die Höhe treiben und damit das Klima des Planeten verändern. Unsere ganze Zivilisation beruht aber auf einem stabilen Klima.

Diese drei Schläge haben die Erde in einen Zustand versetzt, den es so noch nie gab. Sie haben aus einem seit Jahrtausenden klimatisch stabilen und artenreichen Planeten einen Planeten gemacht, der nicht nur klimatisch instabiler und artenärmer ist, sondern für fast alle seine Bewohner immer gefährlicher wird. Auch für uns Menschen.

Und wäre jeder dieser Schläge für sich genommen nicht schon dramatisch genug, bedingen und beschleunigen sie sich auch noch gegenseitig.

Das Wichtigste, was man über die Erde wissen muss

Die Welt des 21. Jahrhunderts ist ein ziemlich komplizierter Ort. Die Länder der Erde sind gesellschaftlich und wirtschaftlich viel stärker miteinander verbunden, als das noch vor dreißig Jahren der Fall war. Wenn es in einem Land politische Unruhen oder eine Wirtschaftskrise gibt, kann das große Auswirkungen auf den Rest der Welt haben. Vor allem das Internet hat diese Entwicklung extrem beschleunigt: Wir bekommen heutzutage in Echtzeit mit, was in irgendeinem noch so fernen Winkel des Planeten gerade geschieht.

In ökologischer Hinsicht allerdings war die Welt schon immer ein ziemlich komplizierter Ort – und wird es immer sein. Für die Natur haben von Menschen gezogene Grenzen keinerlei Bedeutung. Es gibt kein amerikanisches, russisches oder deutsches Klima, es gibt nur ein globales Klima (das sich allerdings in Amerika, Russland und Deutschland unterschiedlich verhält, dann nennt man es Wetter). Auch Tiere leben nicht deshalb in Amerika, Russland oder Deutschland, weil sie sich so amerikanisch, russisch oder deutsch fühlen, sondern weil sie dort ihren natürlichen Lebensraum haben, und der macht nicht an Landesgrenzen Halt. So wie auch ein Virus nicht an Landesgrenzen Halt macht.

Denk dir einmal alle politischen Grenzen auf der Erde weg – plötzlich hast du einen ganz anderen Blick auf unseren Planeten. Du erkennst, wie alles ineinanderwirkt und ein großes Ganzes bildet. Das Klima beeinflusst die Tierpopulationen und ihre Wanderungsbewegungen. Die Verteilung von Nährstoffen im Meer hängt mit den Meeresströmungen zusammen. Die Eigenheiten der jeweiligen Landschaften bestimmen die Lebensräume von Pflanzen und Tieren. Wenn man an einer Stelle etwas verändert, kann das Folgen weit darüber hinaus haben. Und diese Folgen wiederum können auf die Stelle zurückwirken, an der man etwas verändert hat. Das Wichtigste, was man über den Planeten Erde wissen muss, ist die Tatsache, dass alles mit allem zusammenhängt.

In einzelnen Ökosystemen sind derartige Zusammenhänge seit langem bekannt. Wenn beispielsweise eine bestimmte Blütenpflanze verschwindet, stirbt das Insekt, das mit ihr symbiotisch lebt, ebenfalls aus, woraufhin das Tier gefährdet ist, das sich von diesen Insekten ernährt – und plötzlich steht eine ganze Nahrungskette vor dem Zusammenbruch. Oder andersherum: Verschwinden Steppen- und Weidebewohner wie Ziegen, Schafe oder Elefanten, dann können ganze Landschaften »verbuschen«, das heißt, Sträucher und Bäume nehmen überhand, und in der Folge verändert sich die Zusammensetzung von Flora und Fauna.

Diese Zusammenhänge bestehen nicht nur in einzelnen Ökosystemen, sondern auf dem gesamten Planeten.

Was wir aber gerade erst zu verstehen lernen, ist: Diese Zusammenhänge bestehen nicht nur in einzelnen Ökosystemen, sondern auf dem gesamten Planeten.

So hat etwa die von Menschen verursachte Klimaerwärmung Auswirkungen auf die Artenvielfalt der gesamten Erde. Je schneller sich unser Planet aufheizt, desto weniger sind die Pflanzen und Tiere in der Lage, sich dieser Veränderung anzupassen. Zwar können die Tiere in den Bergen für eine Weile in kältere Regionen ausweichen, aber irgendwann ist ein Berg zu Ende, dann finden Gemsen oder Murmeltiere keinen Platz mehr zum Leben. Auch für die Eisbären in der Arktis und die

Pinguine in der Antarktis wird es sehr schwer, ihre natürliche Lebensweise aufrechtzuerhalten, wenn das Eis in der jetzigen Geschwindigkeit schmilzt. Gerade in den Polregionen wirkt sich die Klimaerwärmung besonders stark aus, im Februar 2020 wurden in der Antarktis Rekordtemperaturen von über achtzehn Grad Celsius gemessen. Wissenschaftler sagen außerdem voraus, dass es Mitte des Jahrhunderts in Ländern wie Deutschland keinen Vogelzug mehr geben wird, da die Winter dafür zu mild sein werden.

Aber Vögel und andere Tiere haben zumindest noch die Möglichkeit, sich einen anderen Lebensraum zu suchen und an neue klimatische Verhältnisse anzupassen. Bei Pflanzen ist das schon schwieriger – wie sollen Fichten schnell abwandern, wenn ihnen die Erde, in der sie wurzeln, zu trocken und zu heiß wird?

Die Klimaerwärmung wirkt sich auch auf die Böden aus, und je schlechter die Böden werden – wenn sie Dürren ausgesetzt sind oder ihre Humusschicht durch Starkregen weggeschwemmt wird –, desto weniger Artenvielfalt gibt es im und über dem Boden. Auch die Brandgefahr in Wäldern erhöht sich durch die steigenden Temperaturen und

die damit einhergehenden Dürren. In Australien sind 2019 und 2020 bei riesigen Waldbränden über eine Milliarde Tiere gestorben. Der Bestand etlicher Arten wird sich davon nie wieder erholen. Je artenärmer aber ein Gebiet, desto weniger kommt es mit weiteren Veränderungen zurecht.

Der Verlust an fruchtbaren Böden und Wäldern wiederum beschleunigt die Klimaerwärmung, denn Böden und Pflanzen binden Kohlendioxid. Verbrennen die Wälder oder vertrocknen die Böden, wird das dort gebundene Kohlendioxid in die Atmosphäre freigesetzt und heizt die Erde weiter auf. Auch die Meere binden Kohlendioxid, was die Klimaerwärmung etwas bremst, aber je mehr Kohlendioxid die Meere aufnehmen, desto mehr versauern sie, wodurch Ökosysteme wie Korallenriffe massiv geschädigt werden, denen die erhöhte Wassertemperatur ohnehin schon schwer zusetzt. Denn Korallen leben in Symbiose mit winzigen Algen. Wird das Wasser wärmer, produzieren diese Algen nicht mehr den lebenswichtigen Zucker für die Koralle, sondern Gift, worauf die Koralle sie abstößt und es zur sogenannten Korallenbleiche kommt. In zu saurem und zu warmem Wasser stirbt irgendwann das ganze Korallenriff und damit eines der artenreichsten Ökosysteme der Erde. (Das größte Korallenriff der Welt, das Great Barrier Reef in Australien, ist in weiten Teilen bereits abgestorben.)

Die Meere sind allerdings durch Plastik, Düngemittel und Überfischung bereits stark geschädigt, was ebenfalls Folgen für den Artenreichtum und damit die Nahrungsketten hat, an deren Spitze wir Menschen stehen.

Alle diese Zusammenhänge sind ziemlich komplex und teilweise unerforscht. Aber so komplex das alles auch sein mag, es lässt sich ziemlich einfach zusammenfassen: Die drei Schläge, die wir der Erde verpasst haben, haben sich zu einem einzigen gewaltigen Schlag vereint und die Biosphäre mit ihren Stoffkreisläufen aus dem Gleichgewicht gebracht, in dem sie sich seit Beginn des Holozäns befand.

Wir Menschen haben das nicht mit Absicht getan. Vermutlich steht niemand morgens auf und sagt sich: Jetzt hau ich der Erde mal so richtig eine rein. Wie bei der Nutzung der Atomenergie in den 1950er-Jahren haben wir ein Experiment gestartet und gehofft, dass es irgendwie gut gehen würde, dass künftige Generationen schon irgendwie damit klarkommen werden. Doch je weiter dieses Experiment mit unserem Planeten voranschreitet, desto geringer werden die Möglichkeiten dazu.

Wenn die Gegenwart die Zukunft frisst

Es würde sich nicht um ein Experiment handeln, wenn man die Frage, wie lange das alles gut gehen kann – also wann es zu einer riesigen Katastrophe oder einer Folge riesiger Katastrophen kommt –, eindeutig beantworten könnte. Die Menschheit hat so etwas ja noch nie erlebt. Wir alle sind sozusagen in einem unbekannten Land unterwegs. Das haben Experimente so an sich.

Wir können die Frage aber auch deshalb nicht beantworten, weil Veränderungen in der Natur nicht schrittweise und kontinuierlich vor sich gehen. Man kann den Punkt, an dem diese Veränderungen zu einem katastrophalen Zustand führen, nicht genau vorherberechnen. Kleine oder große Ökosysteme, die über eine lange Zeit hinweg Zeichen eines nur allmählichen Wandels gezeigt haben, können ganz plötzlich in eine bestimmte Richtung kippen. Und wenn das einmal geschieht, ist es nicht mehr umkehrbar – dann muss man sich auf eine völlig neue Situation einstellen.

Dasselbe gilt für das größte aller Ökosysteme: die Erde. Die Belastbarkeit unseres Planeten, also seine Fähigkeit, natürliche Ressourcen zu erneuern und Abfälle und Emissionen aufzunehmen, schwindet mehr und mehr – und dazu tragen wir tagein, tagaus bei. Falls entscheidende Schwellen überschritten werden, kann die Erde sehr schnell, vielleicht sogar schlagartig, zu einem äußerst lebensfeindlichen Ort werden.

Wird das geschehen, wenn die Ozeane, Seen und Flüsse so zugemüllt und überdüngt sind, dass sich weite Teile der Gewässer auf der

Erde in Todeszonen verwandeln, mehr Plastikteile als Fische im Meer schwimmen und das Mikroplastik durch sämtliche Nahrungsketten des Planeten zirkuliert?

Oder wird das geschehen, wenn es praktisch keine Insekten mehr gibt? Sollten die Insekten weiter in dieser Geschwindigkeit aussterben, brechen die Populationen in etwa hundert Jahren vollständig zusammen. Ohne Bienen, Schmetterlinge, Grillen, Wespen, Fliegen und Käfer könnte die Menschheit aber vermutlich nicht länger als einige Monate überleben. Die meisten Tierarten würden aussterben, die meisten Blütenpflanzen verschwinden und mit ihnen schließlich der größte Teil der Wälder und andere Lebensräume auf den Landflächen der Erde.

Oder wird das geschehen, wenn durch die Erderwärmung die Eisschilde an den Polen abschmelzen und gleichzeitig die Methanspeicher in den Permafrostgebieten auftauen und ihre gefährlichen Treibhausgase in die Atmosphäre entlassen? Beides könnte dazu führen, dass die Durchschnittstemperatur auf der Erde abrupt um mehrere Grade ansteigt. Es würden nicht nur zahlreiche Inseln, Städte und Küstenregionen in den Fluten versinken, etwa große Teile von Bangladesch, die Insel Tuvalu, die norddeutschen Halligen, Venedig, Hamburg, New York, Tokio, um nur einige zu nennen. Es ist auch mehr als fraglich, ob eine Zivilisation wie unsere insgesamt in einer solchen »Heißzeit« überlebensfähig wäre – wir haben ja heute schon große Mühe, mit den Folgen einer geringen Erwärmung zurechtzukommen.

Diese Fragen kann niemand genau beantworten. Wie wir gesehen haben, ist das Leben auf der Erde ausgesprochen zäh und robust. Es hat im Laufe der Jahrmillionen etliche Katastrophen – seien es Asteroideneinschläge, gigantische Vulkanausbrüche oder Eiszeiten – überstanden und sich immer wieder regeneriert. Auch von den Schlägen, die wir Menschen dem Planeten verpassen, wird sich das Leben eines fernen Tages wieder erholen.

Aber das ist für uns Menschen des 21. Jahrhunderts kein Trost. Denn wir leben ja jetzt, und in diesem Jetzt prägen die Erwachsenen die Zukunft für ihre Kinder und Enkel. Und in bestimmten Teilen der Erde kann man bereits sehen, wie es in dieser Zukunft sein wird. So müssen viele Menschen schon ihre Heimat aufgeben, weil ihre Inseln in einigen Jahren im Meer versinken werden. Tausende Menschen in Bangladesch müssen ihre Dörfer am Meer und an den großen Flüssen verlassen und in die Hauptstadt und damit in eine noch größere Armut ziehen, weil das näher rückende Meer ihre Brunnen versalzt und ihre Felder wegspült. Millionen Menschen in Afrika und im Nahen Osten müssen fliehen, weil ihre Heimat immer heißer und trockener wird, ihr Vieh verdurstet und verhungert und die Ernten ausfallen. Und auch in den nördlichen Ländern der Erde gibt es mehr und mehr Gebiete, in denen Menschen aufgrund jährlich auftretender Waldbrände nicht mehr leben können.

In bestimmten Teilen der Erde kann man bereits sehen, wie es in dieser Zukunft sein wird.

Was mit den Kindern und Enkeln der heutigen Erwachsenen passiert, wenn es so weitergeht, kann man also ziemlich genau sagen. Sie werden in einer Welt leben, in der es viel weniger Möglichkeiten gibt, das Leben so zu gestalten, wie sie es möchten, denn sie werden vor allem damit beschäftigt sein, mit den Folgen der heutigen Zerstörung zurechtzukommen. Es wird vermutlich nicht das Ende der Menschheit

sein. Wer viel Geld hat, wird in abgeschirmten Zonen sein normales Leben weiterleben. Und wer besonders viel Geld hat, wird sich vielleicht ein Flugticket zum Mond oder Mars kaufen können. Aber die allermeisten Menschen werden in einer ärmeren, leereren, gefährlicheren Welt leben, einer Welt voller Ungewissheiten und unangenehmer Überraschungen. In diese Welt ist die Menschheit gerade mit hoher Geschwindigkeit unterwegs.

Anders ausgedrückt: Das, was jetzt, in der Gegenwart geschieht, bestimmt in immer größerem Ausmaß die Zukunft. Was jetzt geschieht, frisst die Zukunft geradezu auf.

Und hier kommt die Frage aller Fragen. Wenn das alles so ist, warum stoppen wir es dann nicht? Warum hören wir mit diesem irrsinnigen Experiment nicht auf? Wer oder was hindert uns daran?

8 // Ein ganz falsches Bild von der Natur

»Als die Menschen sesshaft wurden, dachten sie, Heimat gewonnen zu haben. Ich aber glaube, sie haben etwas verloren: die tiefere Verbundenheit mit der Erde, dem Himmel, dem Meer. Seither fühlen sie sich heimatlos und kämpfen durch die Anhäufung von Besitz dagegen an. Doch selbst wenn man ein Schloss hat, wie lang kann man darin leben?«

ASLI ERDOĞAN

Wissen und Handeln

Wenn ein Haus brennt, dann kommt sehr schnell die Feuerwehr. Wenn ein Verbrechen geschieht, dann ruft man unverzüglich die Polizei. Wenn man eine schwere Krankheit hat, dann geht man so bald wie möglich zum Arzt. Wenn eine Wirtschaftskrise droht, wird viel Geld ausgegeben, um sie zu verhindern. Wenn eine Pandemie ausbricht, macht man sich schnell auf die Suche nach einem Medikament und Impfstoff. Und wenn der Planet, auf dem man lebt, zerstört wird, dann ... geschieht nichts.

Nichts? Wie kommen wir zu dieser Behauptung? Es geschieht doch unglaublich viel. Wenn man die Zeitung aufschlägt, im Fernsehen Nachrichten schaut oder im Internet surft, bekommt man den Eindruck, dass die Erderwärmung, das Artensterben oder die Vermüllung der Meere zu den wichtigsten Themen unserer Zeit zählen. Ganz viele Länder der Erde haben sich vorgenommen, endlich etwas dagegen zu unternehmen. Es scheint, als hätten wir den Ernst der Lage erkannt und würden endlich Maßnahmen ergreifen, um den Planeten – und damit uns selbst – vor dem Schlimmsten zu bewahren.

Doch leider *scheint* das nur so. Die Wahrheit ist: Je mehr in den vergangenen Jahren und Jahrzehnten über die Zerstörung der Natur geredet wurde – desto mehr wurde die Natur zerstört.

Eigentlich ist das nicht zu fassen. Es ist, als würden die Menschen in zwei sich widersprechenden Realitäten gleichzeitig leben: In der einen Realität reden sie ständig davon, dass man etwas tun muss, bevor es zu spät ist, dass der Planet an sein Limit kommt und die Zukunft auf dem Spiel steht. Und in der anderen Realität beschleunigen sie all das, was dafür verantwortlich ist, dass genau das geschieht.

Zum Beispiel die Erhitzung der Erde. Seit vierzig Jahren ist wissenschaftlich erwiesen, dass zwischen der Zunahme der globalen Durchschnittstemperatur und den menschlichen Kohlendioxidemissionen ein direkter Zusammenhang besteht. Es gab über zwanzig internationale Klimakonferenzen, und nach langem Hin und Her einigte man sich 2015 auf das Klimaabkommen von Paris. Darin verpflichten sich fast alle Staaten der Erde dazu, die Emissionen bis 2050 so weit zu drosseln, dass sich der Planet insgesamt nicht um mehr als zwei Grad Celsius erwärmt, sodass die Folgen der Erwärmung noch einigermaßen beherrschbar sind. (Auf dieses Pariser Abkommen berufen sich ganz viele der erwähnten Klagen der Jugendlichen.)

Das geschah in der einen Realität. Zur selben Zeit nahmen in der anderen Realität die Kohlendioxidemissionen unaufhaltsam zu und damit auch die globale Durchschnittstemperatur – und es gab immer mehr Katastrophen wie Hurrikane, Starkregen und Dürren. Diese Entwicklung hält bis heute an. Und obwohl die ganzen Staaten das Abkommen unterzeichnet haben, setzen die allermeisten von ihnen fast nichts von dem um, wozu sie sich verpflichtet haben: nämlich ihre Kohlendioxidemissionen zu verringern.

Dasselbe gilt für die beiden anderen Schläge, die wir dem Planeten verpassen. In der einen Realität erschrecken wir, wenn wir hören, dass wieder eine Tierart gefährdet ist oder gar kurz vor dem Aussterben steht, und wollen unbedingt etwas dagegen tun. In der anderen Realität sterben die Arten weiter aus, eine nach der anderen. In der einen Realität sind wir entsetzt, wie viel Plastik in den Meeren schwimmt und die Strände verschmutzt, und nehmen uns vor, weniger Plastikprodukte zu nutzen. In der anderen Realität wachsen die Müllberge und steigt der Plastikverbrauch unaufhörlich an. (Allein die Firma Coca-Cola verkauft in einer Stunde weltweit mehr als zehn Millionen Plastikflaschen.)

Das alles passt überhaupt nicht zusammen, und der Grund dafür ist bestimmt nicht, dass wir nicht genug über die Verbindung zwischen menschlichem Handeln und den Folgen dieses Handelns für die Natur wissen. Wir wissen ganz genau: Wenn unsere Zivilisation in die Richtung weiterläuft, in der sie gerade unterwegs ist, dann zerstört sie die Biosphäre der Erde. Mit jedem Tag werden die Ökosysteme der Erde instabiler, mit jedem Tag setzen wir den Planeten mehr unter Druck. Ob das Ökosystem Erde in zwanzig, dreißig oder fünfzig Jahren zusammenbrechen wird und in welcher Art und Weise das vonstattengehen wird, kann niemand genau vorhersagen. Aber die meisten Wissenschaftler gehen davon aus, dass es im 21. Jahrhundert geschehen wird – also nicht irgendwann in ferner Zukunft, sondern noch zu deinen Lebzeiten.

Mit jedem Tag werden die Ökosysteme der Erde instabiler, mit jedem Tag setzen wir den Planeten mehr unter Druck.

Und trotzdem läuft unsere Zivilisation weiter in diese verhängnisvolle Richtung. Und zwar immer schneller. Wie kommt das nur? Was ist da los? Stimmt vielleicht mit uns etwas nicht?

Sind wir alle irre?

Wenn eine Lebensform alles daransetzt, die eigenen Lebensgrundlagen aufzuzehren und zu zerstören, drängt sich die Frage auf, ob mit dieser Lebensform etwas generell nicht in Ordnung ist. Kein Tier und keine Pflanze vernichtet mutwillig das, was sein Weiterleben ermöglicht. Das tun offenbar nur Menschen. Also: Haben wir ein ganz grundsätzliches Problem?

Manche beantworten diese Frage mit Ja. Der Mensch, sagen sie, werde es nicht schaffen, zu überleben. Er sei ein evolutionärer Flop. Früher oder später werde er die Biosphäre und damit sich selbst zerstören. Und warum? Weil, so die Argumentation, Menschen seit jeher räuberische Geschöpfe sind, die ein Ökosystem ausbeuten und dann einfach zum nächsten weiterziehen. Weil sie von ihrer geistigen Grundausstattung her gierig und nie mit dem zufrieden sind, was sie erreicht haben. Nicht ohne Grund beginnt in vielen Schöpfungsmythen und Religionen die Geschichte der Menschheit mit der Vertreibung aus dem Paradies – weil die Menschen immer mehr wollen, als angemessen ist. Und wenn das tatsächlich das Wesen des Menschen ist, dann führt es auf einem Planeten mit begrenzten Ressourcen und mit Milliarden von Menschen eines Tages zwangsläufig in die Katastrophe, denn inzwischen haben die Menschen so viel Macht, dass sie das ganze Ökosystem Erde zerstören können.

Das ist eine äußerst pessimistische Sichtweise. Wenn man sie teilt, bräuchte man eigentlich überhaupt nichts mehr tun, außer sein eigenes Leben so gut wie nur möglich zu genießen, ganz egal, was aus der Erde oder den künftigen Generationen wird. Wir, die Autoren dieses Buches, teilen diese Sichtweise nicht.

Wobei auch wir der Meinung sind, dass *Homo sapiens* eine Eigenschaft besitzt, die es den Menschen schwer macht, mit der Zerstörung der Natur, die sie selbst verursachen, umzugehen. Denn die wirklich katastrophalen Auswirkungen werden sich ja erst in der Zukunft ereignen. Das menschliche Gehirn, an dessen Aufbau sich seit Jahrtausenden nichts Wesentliches geändert hat, setzt aber sehr häufig auf eine kurzfristige Nutzenmaximierung.

Was heißt das? Obwohl wir Menschen in der Lage sind, weit in die Zukunft zu denken – in Science-Fiction-Romanen sind es manchmal sogar Jahrmillionen –, ist das, was wir Tag für Tag tun, sehr eng an der Gegenwart und der ganz nahen Zukunft orientiert. Was in zwanzig oder dreißig Jahren möglicherweise geschehen könnte, spielt für unsere Entscheidungen in aller Regel keine besondere Rolle. In diesem Sinne sind Menschen tatsächlich nicht *sapiens*, sind sie keine vernünftigen Lebewesen, denn gleichzeitig tun sie ja Dinge, die in der Zukunft schwerwiegende Folgen haben.

Ist es aber wirklich eine Eigenschaft des Menschen, dass er seine eigenen Lebensgrundlagen zerstört? Sind wir alle so irre, dass wir sehenden Auges unser einziges Zuhause vernichten?

Nein, und das ist die gute Nachricht: Das sind wir nicht. Denn »die Menschheit« als Kollektiv oder »den Menschen« als Idealtyp gibt es ja nicht. Wir Menschen sind Individuen. Manche von uns wollen unbedingt in einer riesigen Villa leben, andere sind in einer kleinen Hütte glücklich und zufrieden. Manche können niemandem etwas zuleide tun, andere haben Freude daran, Menschen zu quälen. Manchen ist das Schicksal der Tiere, die sie essen, völlig egal, andere essen oder nutzen gar keine tierischen Produkte, weil sie nicht wollen, dass ein Lebewesen für sie leiden und sterben muss. Menschen verhalten sich auch ganz unterschiedlich, je nachdem, in welchem Umfeld sie sich befinden. In ihren Familien verhalten sie sich anders als in der Schule oder in der Firma, in der sie arbeiten. Zu ihren Freunden haben sie eine andere Beziehung als zur Gesellschaft als Ganzes.

Überhaupt sind menschliche Gesellschaften in ihrer modernen Form äußerst kleinteilig und unübersichtlich. Sie teilen sich in etliche Untergruppen auf, die häufig gar nichts miteinander zu tun haben. In diesen Untergruppen haben sich viele Menschen mit ihrer Meinung eingerichtet und wollen nichts hören, was ihrer Weltanschauung widerspricht. Was für den einen also eine unumstößliche Tatsache und die Wahrheit ist, kann für den anderen eine ausgemachte Lüge und Fake sein.

Auf internationaler Ebene wiederum hat man es mit ganz verschiedenen Gesellschaftssystemen, Kulturen und Staatsformen zu tun. Es gibt Demokratien, autoritäre Systeme, religiöse oder militärische Diktaturen, Stammesgesellschaften oder Volksgemeinschaften. Wenn beispielsweise der Vertreter eines Amazonas-Volkes mit der deutschen Bundeskanzlerin spricht, dann könnten die jeweiligen kulturellen

Hintergründe und die Erfahrungswelten nicht unterschiedlicher sein, und es ist für beide Seiten nicht einfach, eine gemeinsame Gesprächsbasis zu finden.

Es gibt noch einen weiteren Grund, warum es so schwer ist, das Wesen des Menschen eindeutig zu bestimmen. Denn dieses Wesen ist unglaublich vielfältig. Menschen können fast alles sein – und das Gegenteil. Menschen können beispielsweise sehr gewalttätig sein. Sie töten andere Menschen. Es gab keinen Zeitabschnitt in der Geschichte der Menschheit, in dem es überall auf der Erde friedlich zugegangen ist. Und trotzdem haben wir uns bisher nicht gegenseitig in die Luft gejagt, obwohl wir die Waffen dafür entwickelt haben.

Es liegt auch durchaus im Wesen des Menschen, immer mehr zu wollen und nie wirklich zufrieden zu sein. Aber daraus folgt nicht, dass wir uns den ganzen Tag lang gegenseitig beklauen, denn es liegt genauso im Wesen des Menschen, sich selbst zu beschränken. Also die eigenen negativen und zerstörerischen Eigenschaften zu erkennen und sie im Zaum zu halten. Gut und Böse sind im menschlichen Wesen gleichermaßen angelegt – unser gesamtes Gesetzessystem ist einzig und allein aus dem Grund entstanden, weil es notwendig ist, dass wir uns wechselseitig kontrollieren und in Schach halten. Sollte es also wirklich im Wesen des Menschen liegen, seine eigenen Lebensgrundlagen zu zerstören, dann liegt es ebenso im Wesen des Menschen, Regeln aufzustellen, um diese Zerstörung zu verhindern, so wie wir eben Regeln für alles andere aufstellen.

Gut und Böse sind im menschlichen Wesen gleichermaßen angelegt.

Und schließlich: Wäre die völlige Zerstörung unserer natürlichen Lebensgrundlagen fest in uns einprogrammiert, dann hätten wir das an ganz, ganz vielen Orten der Erde längst getan – so wie die Bewohnerinnen und Bewohner der Osterinseln. Das haben wir aber nicht. Im Gegenteil: Wir Menschen haben die meiste Zeit unserer Geschichte in einem relativen Gleichgewicht mit der Natur verbracht. Wir haben die Natur zwar genutzt, aber nicht über alle Maßen. Man könnte also sagen, dass auch *das* zum Wesen des Menschen gehört. Und da wir uns, was unsere biologische Grundausstattung betrifft, seit den Anfängen des *Homo sapiens* eben kaum verändert haben, könnte jedes neugeborene Kind rein theoretisch zu einem Erwachsenen werden, der in der Lage ist, sein Leben mit der Natur im Gleichgewicht zu verbringen.

Anstatt also über das Wesen des Menschen zu philosophieren, sollten wir uns lieber eine andere Frage stellen: Warum nutzen wir die geistigen Fähigkeiten, die wir haben, um uns selbst zu beschränken, nicht für einen Richtungswechsel? Warum verhindern wir nicht mit allen uns zur Verfügung stehenden Mitteln, dass wir unser einziges Zuhause vernichten? Warum gibt es keinen weltweiten Aufstand gegen die Zerstörung der Biosphäre?

Ja, warum eigentlich nicht?

Die magische Maschine

Um diese Frage zu beantworten, machen wir ein kleines Gedankenexperiment. Wir stellen uns eine Welt der nahen Zukunft vor, in der die Rohstoffe des Planeten nicht bis zur Erschöpfung ausgebeutet und einige dieser Rohstoffe sogar überhaupt nicht angetastet werden. Eine Welt, in der die erneuerbaren Ressourcen so schonend genutzt werden, dass es ihnen möglich ist, sich immer wieder zu erneuern. Eine Welt, in der wir anderen Lebewesen, ob Tiere, Pflanzen oder Pilze, ausreichend Raum geben, damit sie sich entfalten können. Eine Welt, in der wir unsere technischen Errungenschaften – das Internet, die künstliche Intelligenz oder auch die Gentechnik – dazu verwenden, die Produkte, die wir erzeugen, wieder vollständig in den natürlichen Stoffkreislauf zurückzuführen. Eine Welt, in der wir keinen Müll mehr produzieren oder vielleicht gar nicht mehr wissen, was Müll ist. Eine Welt also, die, alles in allem, *besser* ist als die Welt, in der wir derzeit leben.

Eine solche Welt kann man sich eigentlich ziemlich gut vorstellen, oder? Vor allem auch deshalb, weil wir für eine solche Welt noch nicht einmal irgendeine neue sensationelle Technologie erfinden müssten. Es stünde uns schon jetzt alles zur Verfügung, was es dafür braucht.

Und trotzdem scheint eine solche Welt den allermeisten Menschen unerreichbar. Sie können sich eine solche Welt zwar vorstellen, denn im Vorstellen an sich sind wir Menschen ja unglaublich gut. Aber was sie sich nicht vorstellen können, ist, *wie* man in eine solche Welt gelangt. Genauer gesagt: wie wir uns aus dem Zustand, in dem wir uns gerade befinden, lösen können.

Das hat einen einfachen Grund: weil der Zustand, in dem wir uns gerade befinden, für die meisten Menschen *funktioniert*. Das heißt, er ermöglicht ihnen ein weitgehend angenehmes Leben. Das gilt nicht für alle Menschen, viele leben in großer Armut. Aber auch sie können darauf hoffen, dass sie eines Tages ebenfalls ein angenehmes Leben führen werden. Sie können darauf hoffen, dass ihnen eine magische Maschine, die vor dreihundert Jahren in Europa angeschaltet wurde und heute die gesamte Welt umfasst, dieses angenehme Leben ermöglichen wird.

Was ist das für eine Maschine? Und warum ist sie magisch?

Versetzen wir uns noch einmal in die Zeit zurück, in der die industrielle Revolution ihren Anfang nahm. Mittels Nutzung der fossilen Rohstoffe und mithilfe vieler anderer Ressourcen aus allen Ecken der Erde haben die Industriestaaten damals ein Wirtschaftssystem geschaffen, das zu immer mehr technischem Fortschritt geführt hat. Und trotz vieler wirtschaftlicher und politischer Krisen, trotz verheerender Kriege und Konflikte erleben die Menschen diesen technischen Fortschritt bis heute als eine ununterbrochene Verbesserung. Ständig werden neue, faszinierende Geräte erfunden, die die alten ablösen, und dieser Prozess beschleunigt sich immer mehr.

Trotz vieler wirtschaftlicher und politischer Krisen, trotz verheerender Kriege und Konflikte erleben die Menschen diesen technischen Fortschritt bis heute als eine ununterbrochene Verbesserung.

Gleichzeitig führte dieses auf der Ausbeutung fossiler Rohstoffe basierende System zu einer generellen Verbesserung der Lebensverhältnisse. Für sehr viele Menschen wurde das Leben leichter und angenehmer,

Nahrung wurde billiger, die Kommunikation wurde einfacher. Etliche Staaten richteten Gesundheits- und Versorgungssysteme ein, es gab mehr sozialen Frieden, Sicherheit, Bildung und Rechtsstaatlichkeit.

Ja, insgesamt wurde doch alles immer besser, oder? Hört man etwa Geschichten von früher, fragt man sich dabei automatisch, wie die Menschen unter den damaligen Bedingungen überhaupt leben konnten. In Europa mussten einmal viele Kinder bei Wind und Wetter und oft kniehohem Schnee kilometerweit zu Fuß zur Schule gehen, weil es keine Autos oder Busverbindungen gab. Es gab auch keine Telefone, zumindest nicht überall, geschweige denn Fernseher, Handys oder Internet. Und einfach so mal in ein anderes Land fliegen war etwas, was sich nur ganz Reiche leisten konnten. Da leben wir heute zweifellos angenehmer.

Dass diese magische Maschine angeschaltet werden konnte, hing nicht ausschließlich an der Nutzung der fossilen Rohstoffe – es spielten noch viele andere Faktoren wie machtpolitische Eroberungen und Kolonialismus eine Rolle. Doch erst die Nutzung fossiler Energie führte zu enormen Produktivitätssteigerungen und damit zu einem rasanten Wirtschaftswachstum. Während die Wirtschaft noch vor dreihundert Jahren kaum gewachsen war, verzeichneten die industrialisierten Gesellschaften so hohe Wachstumsraten, wie es sie in der Geschichte der Menschheit noch nie gegeben hatte. Das heißt: Es wurden immer mehr Produkte hergestellt und immer mehr Produkte gekauft. Und nach und nach wurde dieses IMMER MEHR zur Grundlage einer funktionierenden Wirtschaft. Nach dem Zweiten Weltkrieg setzte man in vielen Staaten der Erde – in den USA ganz genauso wie in der Sowjetunion – konsequent auf ein unaufhörliches Wirtschaftswachstum, damit möglichst viele Menschen am Wohlstand teilhaben, soziale Ungleichheiten reduziert und gesellschaftliche Konflikte vermieden werden konnten. Wir alle kennen den immer wiederkehrenden Begriff Wachstum. Alles läuft rund, so die Botschaft, wenn es nur Wachstum gibt.

Diese magische Maschine, dieses IMMER MEHR, funktioniert so gut, dass sie heute, im 21. Jahrhundert, praktisch überall auf der Welt zum

Einsatz kommt. Die Wirtschaft soll überall wachsen. Sie soll immer mehr technischen Fortschritt, immer mehr Waren und immer mehr Wohlstand produzieren.

Aber es ist eben eine *magische* Maschine. Das heißt: Sie gaukelt uns etwas vor. Sie täuscht uns. Denn sie beruht auf einer Welt, die es gar nicht gibt.

Der bayerische König Ludwig II. hatte in zwei seiner Schlösser einst einen magischen Tisch, der, wann immer der König Hunger hatte, aus dem Boden nach oben kam, vollgestellt mit feinsten Speisen. Was der König nicht sah – was er nicht sehen *wollte* –, war, dass das Essen irgendwo anders, nämlich ein Stockwerk tiefer, zubereitet und auf den Tisch gelegt werden musste.

Genauso verhält es sich mit unserer magischen Maschine. Sie funktioniert nur, wenn sie immer wieder von außen gefüttert wird.

Dieses Außen ist einerseits der Planet Erde: die natürlichen Ressourcen. Dass der Planet diese nicht endlos bereitstellt, hat man in all den Jahrhunderten einfach ignoriert. Wenn das Öl weniger wurde, bohrte man eben tiefer. Wenn die Fischbestände schwanden, fuhr man weiter aufs Meer hinaus. Wenn das Wasser knapp wurde, holte man es sich von weiter weg. Wenn eine Stadt zu klein für ihre Bewohnerinnen und Bewohner wurde, wurde sie eben vergrößert. Man verhielt sich so, als würde man in einer unendlich großen Welt leben.

Dieses Außen ist aber auch ein zeitliches Außen: die Zukunft. Die Maschine kann nur weiterlaufen, wenn immer mehr Zukunft verplant wird, wenn also zukünftige Gewinne in die Gegenwart geholt werden. Dafür macht man Schulden. Man leiht sich Geld, investiert es und rechnet fest damit, dass man mit den künftigen Gewinnen das geliehene Geld zurückzahlen kann. Auch das hat etwas Magisches, denn man nimmt damit die Zukunft vorweg – eine Zeit, von der wir gar nicht wissen können, was darin passieren wird. Das ist, als würde man mit einem Flugzeug losfliegen und darauf hoffen, dass irgendjemand eine Landebahn baut.

So gut die Maschine auch funktioniert, so sehr spüren viele Menschen inzwischen, dass ihre Magie verpufft ist.

Und jetzt kommt ein großes Rätsel.

So gut die Maschine nämlich auch funktioniert hat und immer noch funktioniert, so sehr spüren viele Menschen inzwischen, dass ihre Magie verpufft ist. Sie wissen, dass auf einem Planeten kein unendlich großes Außen existiert. Auf einem Planeten steht einem genau das zur Verfügung, was es auf dem Planeten gibt. Auf einem Planeten kann man nicht endlos wachsen. Irgendwann ist Schluss.

Viele Menschen spüren auch, dass man die Zukunft nicht vorwegnehmen kann. Denn die Zukunft ist nicht nur unberechenbar – niemand hat den Fall der Berliner Mauer 1989 oder den Anschlag auf das World Trade Center 2001 vorhergesagt. Sondern die Zukunft ist ebenfalls so etwas wie eine endliche Ressource. Wenn die großen Öl- und

Gasfirmen das ganze Öl und Gas fördern und verbrennen werden, wie sie es für die kommenden Jahrzehnte geplant haben, dann wird das Klima mit hundertprozentiger Sicherheit kippen, und dann befinden wir uns in einer Welt, in der es nur noch ums Überleben geht. Dann ist uns die Ressource Zukunft sozusagen ausgegangen.

Viele Menschen spüren also, dass wir in die falsche Richtung unterwegs sind. Und trotzdem läuft die Maschine immer weiter. Und immer schneller. Obwohl die Schäden, die sie in vielen Teilen der Welt angerichtet hat, schon jetzt unübersehbar sind, füttern wir sie immer weiter – während wir uns gleichzeitig darüber erschrecken, was sie alles anrichtet.

Offenbar hat die magische Maschine also nicht nur den Planeten verändert. Sie hat auch uns Menschen verändert. In gewisser Weise hat sie unser Leben nämlich in einen Traum verwandelt.

Ein vorübergehendes Problem?

In Träumen ist es ja oft so, dass sich die wildesten Dinge ereignen, und man selbst ist Teil dieser wilden Ereignisse – aber gleichzeitig ist man *nicht* Teil davon. Man ist Handelnder und Beobachter zugleich, man ist zur selben Zeit aktiv und passiv. Das ist im echten Leben nicht möglich, deshalb ist es ja auch ein Traum.

Und doch ist es die Realität der meisten Menschen des 21. Jahrhunderts. Obwohl sie Teil der planetaren Zerstörung sind, kommt ihnen diese Zerstörung wie ein Ereignis vor, mit dem sie nichts zu tun haben und das irgendwo anders stattfindet: am Amazonas, in der Sahelzone, in der Antarktis oder sonst wo. Eben weit weg.

Die Menschen haben aber etwas damit zu tun. Ihr alltägliches Handeln trägt dazu bei, dass sich die Atmosphäre aufheizt, dass mehr und mehr Tiere und Pflanzen aussterben und dass der Planet immer mehr vermüllt. Das ist nicht allzu schwer nachzuvollziehen.

Wer ein Auto mit Verbrennungsmotor fährt, mit dem Flugzeug fliegt oder sein Haus mit Gas heizt, ist mitverantwortlich dafür, dass Kohlendioxid in die Atmosphäre gelangt.

Wer Fleisch-, Baumwoll- oder Palmölprodukte kauft, für deren Erzeugung große Waldflächen gerodet werden, ist Teil eines Systems, das den wilden Tieren und Pflanzen ihren Lebensraum wegnimmt.

Und wer Plastikprodukte verwendet, ist Teil eines Systems, das Plastik rund um die Welt transportiert – mit der großen Wahrscheinlichkeit, dass Etliches davon in der Natur abgeladen wird.

Selbstverständlich ist nicht jeder Mensch gleichermaßen an alldem beteiligt, es gibt große Unterschiede im menschlichen Verhalten und in den Möglichkeiten, die sie haben, die Natur zu belasten. Was jedoch nichts daran ändert, dass die meisten Menschen in der einen oder anderen Form dazu beitragen, die Biosphäre zu zerstören. Insbesondere betrifft das die Menschen in den reichen Ländern: also uns. Sogar wenn wir ins Internet gehen, tragen wir dazu bei, dass der Biosphäre Schaden zugefügt wird, denn um das Internet aufrechtzuerhalten, wird so viel Kohlendioxid produziert wie beim weltweiten Flugverkehr. Je reicher ein Land, desto höher sein Müllberg und desto größer seine Abgasproduktion.

Und trotzdem scheint es den meisten Menschen so, als hätten sie mit alldem nichts zu tun. Es ist, als würde die Zerstörung der Biosphäre auf einer Kinoleinwand stattfinden: Man sieht dabei zu, gruselt sich und geht dann wieder nach Hause – und lebt sein Leben weiter.

Es ist, als würde die Zerstörung der Biosphäre auf einer Kinoleinwand stattfinden.

Das ist ein ziemlich absurder Zustand, und wenn man mit Menschen darüber spricht, geben das viele von ihnen auch zu. Was den Zustand nur *noch* absurder macht. Wie sind wir da nur hineingeraten?

Ganz einfach: Die magische Maschine hat nicht nur dafür gesorgt, dass das Leben für sehr viele Menschen von Generation zu Generation besser und angenehmer wurde. Sie hat gleichzeitig auch eine Vorstellung von der Welt erzeugt, die so stimmig erscheint, dass es uns sehr schwer fällt, uns davon zu lösen. In dieser Vorstellung sind Fortschritt und Entwicklung, die Verbesserung der Lebensverhältnisse und der soziale Frieden untrennbar verbunden mit der endlosen Nutzung der Natur.

Diese Vorstellung geht nämlich davon aus, dass man sich, wenn die magische Maschine aus irgendwelchen Gründen ins Stottern gerät, einfach neue Substanzen und Kräfte aus der Natur zunutze macht. Das Öl geht bald zur Neige? Kein Problem, dann nutzt man eben eine andere Ressource oder erfindet eine neue Fördermethode. Hauptsache, die Autos fahren und die Flugzeuge fliegen.

Vor allem aber beruht diese Vorstellung darauf, dass die Natur das, was Menschen mit ihr tun, nicht in Rechnung stellt. Dass die Natur umsonst ist. Jahrzehntelang musste kein Unternehmen der Welt irgendetwas dafür bezahlen, dass es für die Herstellung seiner Produkte Kohlendioxid in die Atmosphäre geblasen hat – die Atmosphäre ist eben einfach da, sie gehört niemandem oder allen, man kann sie nutzen, wie man will. Wie viel würde ein Flug nach Mallorca kosten, wenn Kohlendioxid einen angemessenen Preis hätte? Oder das Einfliegen von Früchten? Oder das Papier aus oft illegal abgeholzten Regenwaldbäumen? Ein Kilo Rindfleisch etwa wäre unfassbar teuer, wenn das Abholzen des Regenwalds sowie das verwendete Wasser in Rechnung gestellt würden. Lederschuhe wären für viele unbezahlbar, wenn die Kosten für die Umweltschäden eingerechnet würden, die durch das Gerben und Färben entstehen.

Doch die Vorstellung einer unbegrenzten Natur steckt tief in uns. Anders gesagt: Das Bild, das wir von der Natur haben, basiert nicht auf der Wirklichkeit, sondern auf dem Wunsch, unsere Art zu leben einfach fortsetzen zu können. Denn wir kennen keine andere mehr.

Das ist ein sehr wichtiger Punkt. In all den Diskussionen und Auseinandersetzungen um die Zerstörung der Biosphäre geht es nämlich nur vordergründig um Kohlendioxidemissionen, um den Schutz einer bestimmten Tierart oder um Mülltrennung. In Wahrheit geht es darum, dass ein Wohlstandsmodell weitergeführt wird, das vor dreihundert Jahren durch die Nutzung fossiler Rohstoffe ins Leben gerufen wurde und davon abhängig ist, dass das Wirtschaftswachstum nie zum Stillstand kommt.

Das ist der Grund, warum seit Jahrzehnten über die Naturzerstörung gesprochen wird, warum ständig Konferenzen abgehalten und Abkommen unterzeichnet werden – und sich gleichzeitig die Krise immer mehr verschärft hat. Die erste wirklich globale Umweltkonferenz fand 1992 in Rio de Janeiro statt. Der damalige Präsident der USA, George Bush, schien viel Sympathie für die Anliegen der Umweltschützer zu haben, aber er sagte auf der Konferenz auch: »Der amerikanische *way of life* steht nicht zur Diskussion.« Was nichts anderes hieß als: Wir machen weiter wie bisher. Und was damals der amerikanische *way of life* war, ist heute der globale *way of life*. Die magische Maschine hat fast alle Länder der Erde erfasst. Sie ist in den Köpfen fast aller Menschen. Praktisch alle setzen darauf, dass es ihnen immer besser geht, je mehr Natur sie nutzen.

Das ist auch der Grund, warum – insbesondere in den USA – viele Jahrzehnte lang eine Diskussion darüber geführt wurde, ob die vom Menschen verursachten Kohlendioxidemissionen *wirklich* für die Erwärmung der Erdatmosphäre verantwortlich seien. Die Wissenschaftler wissen seit langem, dass es so ist. Auch die großen Öl- und Gasfirmen wissen seit langem, dass es so ist. Schon in den 1980er-Jahren hatten sie entsprechende Studien vorliegen, die diesen Zusammenhang ganz klar darstellten. Aber damit sie mit dem Fördern von Öl und Gas weiter Geld verdienen konnten, beschlossen sie, die Studien nicht zu veröffentlichen und diesen Zusammenhang anzuzweifeln. Und viele Leute waren – und sind bis heute – dankbar für diese Zweifel, weil sie ihnen einen Vorwand liefern, so weiterzumachen wie bisher.

In der Vorstellung, die uns die magische Maschine vermittelt, ist die Naturzerstörung nichts weiter als ein vorübergehendes Problem.

Denn genau darum geht es: Die meisten Menschen, egal wie gebildet oder ungebildet, wie klug oder weniger klug sie sind, hoffen darauf, dass wir einfach so weitermachen können wir bisher. In der Vorstellung, die uns die magische Maschine vermittelt, ist die Naturzerstörung nämlich nichts weiter als ein vorübergehendes Problem, das wir schon irgendwie lösen werden, so wie wir auch andere Probleme gelöst haben. Oder wie es der ehemalige deutsche Bundeskanzler Helmut Kohl einmal ausdrückte: »Das mit der Umwelt kriegen wir hin.«

Tatsächlich gab es schon einmal ein globales Umweltproblem, das wir »hingekriegt« haben – und zwar auf eine Weise, die nichts an unserem *way of life* geändert hat. Mitte der 1980er-Jahre meldeten Wissenschaftler, dass sich die Ozonschicht in der oberen Atmosphäre stark verringert hatte. Die Ozonschicht sorgt dafür, dass das für Menschen schädliche UV-Licht aus den Sonnenstrahlen gefiltert wird – je weniger Ozon, desto mehr UV-Licht gelangt also zur Erde. Die Ursache für die Verringerung war ziemlich schnell ermittelt: ein bestimmtes Gas, das damals vor allem beim Bau von Kühlschränken verwendet wurde. Es dauerte nur wenige Jahre, bis sich die meisten Staaten auf ein internationales Abkommen zum Verbot des Gases geeinigt hatten. Dieses Abkommen gilt bis heute und hat dazu geführt, dass sich die Ozonschicht wieder einigermaßen erholt hat.

Das war unbestritten ein Erfolg und wird von vielen Politikern regelmäßig als Beispiel dafür angeführt, dass man »das mit der Umwelt« hinkriegen kann. Aber leider hilft uns dieses Beispiel nicht weiter. Denn im Gegensatz zur jetzigen Situation war die Verringerung der Ozonschicht lediglich die Folge der Verwendung eines ganz bestimmten chemischen Stoffes, der ohne viel Mühe durch einen anderen ersetzt werden konnte. Es gab keine großen Konflikte um dieses Problem, weil unser *way of life* nicht zur Diskussion stand.

Wenn aber, wie heute, unser *way of life* selbst die Ursache des Problems ist, wenn wir alle mehr oder weniger Teil eines zerstörerischen Systems sind, sind die meisten Menschen ratlos. Dann machen sie einfach weiter wie bisher und hoffen darauf, dass irgendjemand irgendeine großartige Idee hat, wie man das Problem ohne viel Mühe löst.

Dieser ziemlich absurde Zustand erinnert an die Diskussion vor vielen Jahrhunderten, als darum gestritten wurde, ob sich die Sonne um die Erde dreht oder die Erde um die Sonne. Auch das war ein gänzlich absurder Streit, weil die wissenschaftlichen Fakten eindeutig bewiesen, dass sich die Erde um die Sonne dreht und nicht andersherum. Aber es ging gar nicht um wissenschaftliche Fakten. Es ging darum, was das für die damaligen Machtverhältnisse, konkret: die Macht der Kirche, bedeutete. Es ging darum, wer bestimmt, was richtig und was falsch ist, unabhängig davon, ob es *wirklich* richtig oder falsch ist. Es ging um nichts anderes als darum, einen bestimmten *way of life* fortzusetzen.

Dieser Streit ist längst beendet. Doch nun befinden wir uns erneut in so einer absurden Debatte. Denn eigentlich sollte allen völlig klar sein: Wenn unsere Art zu leben die Ursache für die Zerstörung der Natur ist, dann müssen wir daran etwas ändern. Dann müssen wir *uns* ändern.

Aber das wird nur gehen, wenn wir uns von der Vorstellung lösen, die uns die magische Maschine eingetrichtert hat. In dieser Vorstellung ist das Bild, das wir uns von der Natur machen, nämlich ein völlig falsches Bild.

Ein verhängnisvoller Teufelskreis

Schauen wir uns nur einmal an, wie wir »das mit der Umwelt« in den letzten Jahrzehnten so hingekriegt haben. Zweifellos ist da viel Positives geschehen: Wir recyceln unseren Elektroschrott, haben Waschmittel phosphatfrei gemacht, haben bestimmte Pestizide verboten oder den Schadstoffausstoß von Automotoren verringert. Meistens stehen solche Dinge dann unter der Überschrift: *Ein großer Erfolg für die Umwelt.*

Betrachtet man sich diese »Erfolge« jedoch etwas genauer, dann merkt man, dass sie nichts anderes sind als eine manchmal große, meistens aber ziemlich geringe Reduzierung der Schäden, die wir in der Natur anrichten. Wir feiern es also als Erfolg, dass wir die Natur weiter zerstören, nur eben etwas weniger oder anders.

Achte mal auf Autowerbung, in der oft der Satz fällt, diese oder jene Maßnahme zur Reduktion von Schadstoffen sei »gut für die Natur und Umwelt«. Das ist eine glatte Lüge, denn es werden immer noch Schadstoffe in die Natur ausgebracht, nur eben weniger oder andere oder an einem anderen Ort. Zwar wird die Luft in Deutschland mit mehr Elektroautos besser, aber die Naturzerstörungen in den Ländern, in denen die notwendigen Stoffe für diese Autos abgebaut werden, sind enorm. Und trotzdem glauben viele Menschen, sie würden der Natur insgesamt etwas Gutes tun, wenn sie dieses Auto kaufen.

Sie glauben das deshalb, weil die Wenigsten wissen, was *wirklich* »gut für die Natur und Umwelt« ist, weil sie ein falsches oder überhaupt kein Bild von der Natur haben. Die magische Maschine hat uns dreihundert Jahre lang vermittelt, dass die Natur sämtliche Stoffe zur Verfügung stellt, die wir benötigen, und dass sie alles auffängt, was wir an Giftstoffen und Müll produzieren. Sie hat uns glauben gemacht, wir bräuchten die Natur eigentlich gar nicht, wir könnten uns mit unserer Technik eine eigene Welt errichten.

Tatsächlich ist genau das Gegenteil der Fall. Wir brauchen die Natur sogar mehr als je zuvor. Alle unsere technischen Systeme sind untrennbar mit Vorgängen in der Natur verknüpft. Würde man sich zum Beispiel die Mühe machen, sämtliche Lieferwege und Rohrleitungen nachzuzeichnen, die dafür sorgen, dass eine große Stadt funktioniert, käme man schnell darauf, dass alles – wirklich *alles* – mit einem »Außen« namens Natur verbunden ist.

Aber wenn man sich ein Leben lang in seinem Zimmer einsperrt, dann kommt man wohl irgendwann wirklich auf die Idee, man bräuchte die Welt um sich herum gar nicht.

Die meisten Menschen leben so weit von der Natur entfernt, dass sie die menschengemachten Veränderungen, die in der Natur stattfinden, gar nicht als Veränderungen wahrnehmen.

Nun haben sich die meisten Menschen nicht in ihren Zimmern eingesperrt. Aber die meisten Menschen leben so weit von der Natur entfernt, in Städten oder anderen urbanen Siedlungen, dass sie die menschengemachten Veränderungen, die in der Natur stattfinden, gar nicht als Veränderungen wahrnehmen. Oft empfinden sie die beschädigte Natur sogar als ganz normal, weil sie gar nicht wissen, dass es einmal anders war.

Dieses Phänomen ist inzwischen sogar wissenschaftlich erforscht. Es nennt sich *shifting baselines* und bezeichnet die Tatsache, dass Menschen einen bestimmten Zustand eines Ökosystems (zum Beispiel die Anzahl von Fischen in einem See oder von Vögeln in einem Wald) als völlig »normal« empfinden, weil sie den früheren Zustand ja nicht kannten. Ihre *baseline*, also die Grundlage, auf der sie die Welt wahrnehmen, ist eben der jetzige Zustand. Wer aber etwas als völlig normal empfindet, leitet daraus auch keine Notwendigkeit zum Handeln ab.

Es kommt hinzu, dass die meisten von uns auch so weit von der Natur entfernt leben, dass sie glauben, das Bild, das in vielen Büchern oder Fernsehdokumentationen von der Natur gezeichnet wird, entspräche der Wirklichkeit. Zum Beispiel, dass es »dort draußen« noch ganz viel Wildnis und ganz viele wilde Tiere gibt. Und wer das glaubt, sieht auch keine Notwendigkeit zum Handeln.

Es ist ein verhängnisvoller Teufelskreis: Je weiter wir uns im Kopf von der Natur entfernen, desto mehr zerstören wir sie. Und je mehr wir sie zerstören, desto weiter entfernen wir uns von ihr im Kopf. Bis unser einziges Zuhause vollständig in Trümmern liegt.

Was kann man da nur tun? Kann man da überhaupt etwas tun?

Wir meinen: ja. Und es ist gar nicht mal so schwer. Man muss nur einmal richtig darüber nachdenken.

Und dazu sind wir Menschen ja eigentlich fähig.

9 // Ein klarer Blick auf die Welt

»Ich ging hinaus zu einem Spaziergang und beschloss dann, bis zum Sonnenuntergang draußen zu bleiben, denn ich stellte fest, dass Hinausgehen in Wirklichkeit Hineingehen war.«

JOHN MUIR

Was sich Gegenwart und Zukunft zu sagen haben

Erwachsene sind manchmal merkwürdig. Die allermeisten von ihnen sorgen sich um ihre Kinder. Sie achten darauf, dass sie gesund sind, dass sie sich sicher fühlen, dass sie eine gute Ausbildung erhalten und vieles mehr. (Einige sorgen sich so sehr, dass sie wie Hubschrauber ständig um ihre Kinder kreisen, weshalb man sie auch »Helikoptereltern« nennt.) Und natürlich sorgen sie sich auch um ihre Kinder, wenn es um die Zerstörung der Natur geht.

Zumindest bekommt man diesen Eindruck, wenn man ihnen zuhört. Da fallen immer wieder Sätze wie: »Wir sind es unseren Kindern und Enkeln schuldig, den Planeten für sie zu bewahren.« Oder: »Wir haben die Erde von unseren Kindern nur geborgt.« Oder: »Künftige Generationen haben einen Anspruch auf einen lebenswerten Planeten.«

Klingt gut, oder? Denn es bedeutet ja eigentlich, dass sich sehr viele Erwachsene um die Zukunft ihrer Kinder Sorgen machen und entsprechende Maßnahmen ergreifen. Die Sache hat allerdings einen Haken:

Das sind dieselben Erwachsenen (nicht alle, aber sehr viele von ihnen), die es gleichzeitig zulassen, dass die Natur immer weiter zerstört wird und damit die Zukunft ihrer Kinder und Enkel, also der künftigen Generationen, immer unsicherer wird. Sie verbrauchen viel zu viele Ressourcen. Sie heizen das Klima der Erde weiter auf. Sie nehmen Tieren und Pflanzen die Lebensräume weg. Sie produzieren Unmengen von Müll. Die Wenigsten tun das mit Absicht, sie denken einfach nicht groß darüber nach. Dieselben Erwachsenen, die sich solche Sorgen um die Zukunft ihrer Kinder machen, stehlen ihnen also gleichzeitig die Zukunft.

Aber so merkwürdig dieses Verhalten auch ist, man kann es in gewisser Weise nachvollziehen. Über Jahrhunderte, wenn nicht über Jahrtausende haben sich Eltern nämlich keine besonderen Sorgen um die Zukunft ihrer Kinder gemacht – und schon gar nicht um die Zukunft noch späterer Generationen. Vermutlich haben sich die allermeisten gewünscht, dass es ihre Kinder einmal besser haben sollen, aber das hieß nichts anderes, als ihnen möglichst gute Startchancen für ihr Leben zu bieten. Wie das Leben dieser Kinder – oder gar der Kinder dieser Kinder – später einmal sein würde, wie deren Zukunft aussehen würde, darüber machten sich die allermeisten Erwachsenen kaum Gedanken. Warum auch? Die Zukunft war wie ein Raum voller unbekannter Möglichkeiten, und jede Generation sollte das Beste daraus machen. Was in der einen Generation geschah, hatte keine grundlegenden Auswirkungen auf das Leben späterer Generationen.

Die Zukunft war wie ein Raum voller unbekannter Möglichkeiten, und jede Generation sollte das Beste daraus machen.

Das hat sich auf dramatische Weise verändert. Jetzt hat das, was in der einen Generation geschieht, massive Auswirkungen auf das Leben späterer Generationen. Eine Tierart etwa, die in diesem Augenblick ausstirbt, wird es in der Zukunft nie wieder geben. Ein Gramm Kohlendioxid, das in diesem Augenblick in die Atmosphäre geblasen wird, wird dort für eine sehr lange Zeit bleiben und die Erde aufheizen. Ein Stück Plastik, das jetzt ins Meer geworfen wird, treibt dort bis zu vierhundert Jahre lang herum. Die

Gegenwart beeinflusst die Zukunft und damit die Handlungsmöglichkeiten künftiger Generationen inzwischen sehr stark.

Genau das können oder wollen viele Erwachsene aber nicht verstehen: dass ihr *way of life*, der doch eigentlich den Kindern die besten Startchancen für die Zukunft ermöglichen soll, gleichzeitig dafür verantwortlich ist, dass ihre Kinder später womöglich keine gute Zukunft haben werden.

Manche Erwachsene reagieren sogar ziemlich empört, wenn ihre Kinder sagen, dass ihnen die Erwachsenen »die Zukunft klauen« (wie auf den Fridays-for-Future-Demonstrationen). »Was soll das?«, fragen sie. »Wir wollen doch nur das Beste für euch. Und jetzt beschwert ihr euch auch noch!«

Andere Erwachsene wiederum tun so, als seien gar nicht *sie* gemeint. Auch wenn sie es in Ordnung finden, dass ihre oder andere Kinder demonstrieren, sehen sie keinen Zusammenhang zu ihrem eigenen Verhalten. »Die nächste Generation«, sagen sie, »hat eben ihre eigenen Probleme. Ich bin damals gegen die Atomenergie auf die Straße gegangen, heute tun sie das für das Klima oder die Bienen.«

Wieder andere Erwachsene wollen ihre Kinder schützen. Aber nicht vor den Gefahren der Zukunft. Sondern vor den *Informationen* über diese Gefahren. »Man soll die jungen Leute nicht ständig mit Katastrophenmeldungen konfrontieren«, sagen sie. »Das macht ihnen doch nur Angst.«

Alle diese Verhaltensweisen sind deshalb merkwürdig, weil sie der Situation, in der wir uns gerade befinden, in keinster Weise gerecht werden. Offenbar haben sich Gegenwart und Zukunft nichts zu sagen. Ja, es scheint, als würde etwas zwischen der Gegenwart und der Zukunft stehen. Und nur, wenn wir einen klaren Blick auf dieses »etwas« werfen, können wir die Situation wirklich ändern.

Im Krieg gegen die Natur

Dieses »etwas« lautet in aller Kürze so: Die Vorstellung, die die meisten Menschen der Gegenwart von Wohlstand und Sicherheit, von Glück und einem guten Leben haben, ist mit den natürlichen Grundbedingungen auf der Erde nicht vereinbar. Noch kürzer gesagt: Die meisten Menschen der Gegenwart befinden sich, ohne dass sie sich das klarmachen, im Krieg gegen die Natur. Und damit befinden sie sich auch im Krieg gegen die Zukunft.

Das soll nicht heißen, dass *alles*, was Menschen tun, prinzipiell gegen die Natur gerichtet ist. Seit Jahrtausenden nutzen wir Menschen die natürlichen Ressourcen der Erde, um unsere Grundbedürfnisse zu stillen, und wir werden das selbstverständlich auch in der Zukunft auf die eine oder andere Weise tun. Sondern das soll heißen, dass die Idee von Wohlstand und Sicherheit, von Glück und einem guten Leben eng mit einer unaufhörlichen Steigerung von Produktion und Konsum, mit Wachstum und Ausbeutung verbunden ist – eben mit unserem *way of life*. Die gängigste Formel für ein gutes Leben lautet schlicht und einfach: IMMER MEHR. Was nichts anderes als den unaufhörlichen Verbrauch von Natur bedeutet.

Das ist der Grund, warum sich Gegenwart und Zukunft nichts zu sagen haben. Denn die meisten von uns wollen es nicht wahrhaben, dass sie sich in einem Krieg gegen die Natur befinden. Dass unser Wohlstand, dass fast alle unsere Errungenschaften letztlich darauf beruhen, dass wir die natürliche Welt – die Pflanzen, die Tiere und alles andere – über alle Maßen ausbeuten. Die meisten Menschen denken gar nicht mehr darüber nach. Es ist eben so. Fische denken ja auch nicht über das Wasser nach, in dem sie schwimmen – es ist einfach da.

Und so heißt es statt »Lasst uns das Prinzip des IMMER MEHR hinterfragen« von ganz vielen Seiten: »Jetzt erst recht IMMER MEHR!«

Das sagen zum Beispiel jene Menschen, die mit dem IMMER MEHR Unmengen an Geld verdienen. Verglichen mit der Gesamtbevölkerung auf der Erde sind das nicht viele, aber es sind sehr mächtige Menschen:

Konzernlenker oder Politiker. Da sie kein Interesse daran haben, am bestehenden Wirtschaftsprinzip etwas zu ändern, behaupten sie einfach, dass der Mensch gar nicht so viel Einfluss auf die Natur habe und andere Faktoren für all die Katastrophen verantwortlich seien. Manche von ihnen behaupten sogar, dass eine stärkere Sonneneinstrahlung für die Erderhitzung verantwortlich sei, eine Aussage, die keiner wissenschaftlichen Überprüfung standhält.

Andere Menschen – und das sind schon bedeutend mehr – akzeptieren zwar, dass die Zerstörung der Natur auf menschliche Einflüsse zurückzuführen ist, und sprechen sich sogar für Maßnahmen dagegen aus. Sobald sie aber selbst von diesen Maßnahmen betroffen sind, wehren sie sich heftig dagegen. Denn an ihrem bisherigen Lebensstil wollen sie nichts ändern. Überhaupt wollen sie sich nicht vorschreiben lassen, wie sie zu leben haben. Sie arbeiten schließlich hart dafür. Warum auf etwas verzichten, während andere in Saus und Braus leben?

Und dann sind da noch jene Menschen – und das sind die meisten auf dem Planeten –, die von der Art und Weise, wie in den letzten dreihundert Jahren Wohlstand erzeugt wurde, noch gar nicht richtig profitiert haben. Die Bewohner der armen Länder oder früherer sogenannter Entwicklungsländer wie Indien oder Brasilien wollen sich von den reichen Ländern nicht sagen lassen, auf welche Art und Weise sie ihren Wohlstand erwirtschaften sollen. Das ist verständlich, denn die reichen Länder haben jahrzehntelang die Natur zerstört, um reich zu werden, und ausgerechnet *sie* wollen jetzt anderen Ländern Vorschriften machen? Das empfinden die ärmeren Länder als nicht fair. Sie wollen endlich auch ihren Anteil an den Ressourcen der Erde. Sie wollen die magische Maschine nutzen und das Prinzip des IMMER MEHR anwenden, wie es die anderen vor ihnen getan haben.

So unterschiedlich alle diese Interessen und Standpunkte sind und so verständlich manche von ihnen auch sein mögen, ihnen allen ist gemeinsam, dass sie die magische Maschine um jeden Preis zum Laufen bringen oder am Laufen halten wollen. Und so geht die Zerstörung der Natur in praktisch allen Ländern der Welt weiter – trotz aller

Demonstrationen und Warnungen. Trotz aller Katastrophen. Und weil sich die Zerstörung beschleunigt, werden sich auch mehr und mehr Katastrophen ereignen.

An dieser Stelle kommt man nun an einen spannenden Punkt. Denn es gibt Leute, die sagen: »Wenn die Katastrophen erst so *richtig* groß werden oder wenn sich einmal *die eine* riesige Katastrophe ereignet, dann werden die Menschen zur Einsicht kommen.« Wenn zum Beispiel eine ganze Stadt – etwa Shanghai, New York oder Hamburg – infolge des Anstiegs des Meeresspiegels in den Fluten versinkt oder wenn der brasilianische Regenwald, das artenreichste Landökosystem der Welt, das Milliarden Tonnen an Kohlendioxid bindet, als Ökosystem zusammenbricht, dann wird auch dem letzten Menschen auf der Erde bewusst werden, dass man einfach nicht so weitermachen kann.

Auf den ersten Blick erscheint das ziemlich schlüssig, denn wie wir gesehen haben, reagiert das menschliche Gehirn viel eher auf gegenwärtige als auf nur angenommene zukünftige Gefahren. Die Hoffnung dieser Leute lautet also: Wenn es *wirklich* wehtut, dann werden wir alle einsehen, dass wir etwas falsch gemacht haben, und werden endlich entsprechend handeln. Und tatsächlich gibt es Beispiele in der Geschichte der Menschheit, dass Menschen in der Lage sind, aus ihren Fehlern zu lernen, wenn diese Fehler spürbar katastrophale Folgen haben.

Aber so schlüssig das auf den ersten Blick erscheint – bei genauerem Nachdenken kommt man ins Zweifeln, ob uns das tatsächlich vor der Zerstörung der Biosphäre bewahren wird. Zum einen gab es ja bereits *richtig* große Katastrophen. Im August 2005 verursachte der Hurrikan Katrina im Südosten der USA gewaltige Schäden. Die Stadt New Orleans stand fast vollständig unter Wasser. An die zweitausend Menschen starben. Und 2012 zog der Wirbelsturm Sandy über die Karibik und die Ostküste der USA, verwüstete ganze Inseln und setzte Teile von New York unter Wasser. Die Schäden beliefen sich auf etliche Milliarden Dollar. Beide Stürme wären vermutlich nicht so verheerend gewesen, wenn die Atmosphäre durch das ganze Kohlendioxid nicht so aufgeheizt wäre.

Das sind nur zwei von ganz vielen Katastrophen, die mit der vom

Menschen gemachten Naturzerstörung zusammenhängen, aber keine davon hat zu einem Einsehen geführt, jedenfalls nicht bei der Mehrheit der Menschen. Darauf können wir also offenbar nicht hoffen.

Es gibt aber noch einen anderen Grund, warum sich die Menschen von Katastrophen wohl nicht abhalten lassen, ihren Krieg gegen die Natur weiterzuführen. Die magische Maschine hat vielen von uns nämlich auch eine gefährliche Illusion in den Kopf gesetzt.

Die Illusion von der totalen Kontrolle

Ein Schutzschirm aus Spiegeln, den man um die Erde legt, um sie vor der Sonneneinstrahlung zu schützen. Gigantische Staubsauger, die das Kohlendioxid aus der Atmosphäre saugen. Roboterbienen, die anstelle echter Bienen Blüten bestäuben sollen. Unterirdische Bunker, in denen Kohlendioxid gelagert werden soll. Das Abdecken des Grönländischen Eisschildes, um ihn vor dem Schmelzen zu bewahren ... Lauter Ideen, die danach klingen, als kämen sie aus einem Science-Fiction-Film. Aber solche und vergleichbare Ideen werden tatsächlich ernsthaft diskutiert – sozusagen als letzte Maßnahme, wenn die Naturzerstörung so weitergeht wie bisher und es zu weiteren Katastrophen kommt.

Üblicherweise wird in solchen Diskussionen hinzugefügt, dass man *eigentlich* nicht zu derartigen technischen Maßnahmen greifen wolle. Denn niemand könne sagen, ob sie überhaupt funktionieren. Und für einige dieser Maßnahmen muss auch erst einmal die Technik erfunden werden. Vieles davon ist im wahrsten Sinne des Wortes eine Science-Fiction-Vision.

Eigentlich will man das alles also nicht machen. Doch irgendwann ist es zu spät, um noch andere Maßnahmen zu ergreifen. Irgendwann gibt es so viele Hitzewellen und Überschwemmungen, irgendwann steigt der Meeresspiegel so stark an, dass wir an solchen »Lösungen« nicht mehr vorbeikommen.

Für viele Menschen wäre das nicht einmal abwegig. Denn hinter diesen Ideen steckt die Illusion, dass man den ganzen Planeten wie eine riesige Apparatur in diese oder jene Richtung lenken könne. Die Illusion, man könne die Biosphäre und ihre Stoffkreisläufe mit Erfindergeist und viel Geld kontrollieren, die ganze Erde gleichsam »managen«, wie man eine Firma managt. Dieser Illusion liegt eine gewisse Logik zugrunde, denn die magische Maschine hat uns nicht nur eine enorme Macht verliehen, um die Ressourcen der Erde auszubeuten, sie hat auch die Vorstellung erzeugt, diese Macht sei unbegrenzt. Anders ausgedrückt: die Vorstellung, die Natur sei mit technischen Mitteln vollständig beherrschbar.

Was für ein Irrtum!

Die Kontrolle der Biosphäre mit technischen Maßnahmen – das sogenannte »Geo-Engineering« – wäre das womöglich katastrophalste Experiment, das wir Menschen anstellen können. Solche Maßnahmen hätten mit ziemlicher Sicherheit Folgen, die alles nur noch schlimmer machen würden.

Die Kontrolle der Biosphäre mit technischen Maßnahmen wäre das womöglich katastrophalste Experiment, das wir Menschen anstellen können.

Zum Beispiel die Idee, man könne künstliche Aerosole in die Atmosphäre ausbringen, die die Sonnenstrahlen reflektieren, sodass sich die Atmosphäre nicht mehr so stark aufheizt. Niemand weiß, was diese Partikel anrichten, wenn sie erst einmal in die globalen Stoffkreisläufe gelangen – womöglich könnte die Erde sogar so stark abkühlen, dass weite Teile der Kontinente wie bei einer Eiszeit zufrieren.

Oder die Idee, man könne sich mit riesigen Dämmen vor dem Anstieg des Meeresspiegels schützen. Vor kurzem gab es den Vorschlag, zwischen Nordfrankreich und Südengland und zwischen Schottland und Norwegen Dämme zu bauen, damit der Wasserpegel der Nordsee nicht zu stark ansteigt und Städte wie Hamburg oder Kopenhagen geschützt sind. Die Folge solcher Maßnahmen wäre allerdings, dass aus der Nordsee ein komplett anderes Ökosystem würde – nach einer Weile würde sie sich, da kein Salzwasser mehr zuströmen würde, in einen

Süßwassersee ohne Gezeiten verwandeln. Die bisherige Tier- und Pflanzenwelt würde sterben, und es würde sehr lange dauern, bis sich neue funktionierende Ökosysteme bilden würden. Wenn es überhaupt je dazu käme.

Dazu auch noch eine ganz praktische Frage: Wie hoch müsste man diese Dämme bauen? Selbst jene Dämme und Schutzvorrichtungen, die vor Venedig oder Rotterdam bereits konkret geplant sind, werden nur für eine Weile gegen das Wasser standhalten. Sollte es eines Tages dazu kommen, dass riesige Gletscher und Eisschilde vollständig abschmelzen oder ins Meer rutschen, würde der Meeresspiegel so stark ansteigen, dass die allermeisten Hafenstädte untergingen – egal, wie sehr man sie mit Dämmen zu schützen versucht.

Und wenn man, worüber ebenfalls nachgedacht wird, eine Abdeckung auf die Gletscher und Eisschilde legt, um sie vor dem Abschmelzen zu bewahren, wie dick müsste die Abdeckung sein? Ab einer bestimmten Temperatur hilft auch die beste Isolierung nicht mehr.

Natürlich, wir könnten das alles versuchen. Wir könnten enorme Geldmengen dafür zur Verfügung stellen und die schlauesten Köpfe der Welt mit der Planung dieser Maßnahmen beauftragen. Eine Zeit lang würde es womöglich sogar gut gehen, aber früher oder später würden wir uns in einer Welt wiederfinden, in der wir rund um die Uhr mit nichts anderem beschäftigt wären, als die Folgen unserer Reparaturmaßnahmen zu reparieren. Am Ende würden wir in einer Zukunft landen, in der wir noch viel abhängiger von der Natur wären als heute.

Denn die Natur lässt sich nicht vollständig kontrollieren. Die ökologischen Abläufe und Zusammenhänge auf der Erde sind viel zu kompliziert und ineinander verwoben, als dass sie sich mit technischen Maßnahmen wirklich steuern ließen. Es geschehen immer wieder Dinge, die niemand vorhersagen kann: eine Pandemie oder eine Heuschreckenplage oder ein Vulkanausbruch. Und es geschehen ganz viele Dinge, die wir einfach nicht verstehen – und vielleicht auch nie verstehen werden.

Genau deshalb sind die meisten Wissenschaftler der Meinung, dass technische Maßnahmen eben keine Lösung für unsere Probleme sein können. Aber wenn wir so weitermachen, dann haben wir keine Alternativen mehr. Und dann sind wir wirklich in einer Sackgasse gelandet.

Wer also einen klaren Blick auf das alles wirft, kann zu keiner anderen Einsicht kommen als dieser: Wir Menschen können einen Krieg gegen die Natur nicht gewinnen. Wir können die Natur nur immer weiter zerstören – kontrollieren werden wir sie nie. Und dann kann man zu keiner anderen Schlussfolgerung kommen als dieser: Wir müssen den Weg des IMMER MEHR verlassen. Wir müssen einen anderen Weg für unsere Zivilisation finden. Wir können es uns nicht länger leisten, gegen die Natur Krieg zu führen. Das Problem ist allerdings, dass einem Sätze wie »Wir müssen dies tun ...«, »Wir müssen das tun ...« oder »Wir können es uns nicht länger leisten, dass ...« in der Diskussion um die Zerstörung der Natur ständig begegnen, und regelmäßig nicken die meisten Menschen, wenn sie sie hören. Aber ganz offensichtlich führt es zu keiner Veränderung. Im Gegenteil, man hat sogar den Eindruck, dass Menschen erst recht nichts tun, wenn sie solche Sätze hören, weil die einfach zu groß und zu allgemein sind. Solche Sätze berühren die Menschen nicht. Sie ändern nichts an ihrer Vorstellung von Wohlstand und Sicherheit, von Glück und einem guten Leben.

An diesem Punkt muss man also einen wichtigen Schritt weitergehen. Und sich eine Frage stellen.

Was ist ein gutes Leben?

Sie gelten als Aussteiger. Manchmal sogar als Spinner. Jedenfalls als Sonderlinge. Die Menschen, die das IMMER MEHR nicht zur Grundlage ihres Lebens machen, sondern andere Lebens- und Wirtschaftsformen ausprobieren. Menschen, die in Kooperativen oder Genossenschaften die erwirtschafteten Gewinne gleich wieder investieren. Die ihren eigenen Strom produzieren. Die in ihrer Region eine eigene Währung geschaffen haben oder ihre Güter über Tauschbörsen handeln. Menschen, die sich in Ökodörfern weitgehend mit dem versorgen, was sie selbst anpflanzen.

So unterschiedlich diese Lebens- und Wirtschaftsformen sein mögen, sie haben eines gemeinsam: Diese Menschen beuten die Natur nicht aus – nicht an dem Ort, an dem sie leben, und auch nicht die Natur in fernen Ländern.

Es sind allerdings nicht sehr viele Menschen, die sich gegen das IMMER MEHR entschieden haben. Denn die wenigsten von uns wollen aus ihrem Leben »aussteigen«. Die meisten Menschen leben gern mit ihren

Familien in ihren Dörfern oder Städten und wollen das auch weiterhin tun. Aber die grundsätzliche Frage, die sich jene Menschen, die anders leben, gestellt haben, können wir uns alle stellen, egal, ob alt oder jung, reich oder arm, gläubig oder ungläubig, schwarz oder weiß: Was brauchen wir für ein gutes Leben? Was *ist* ein gutes Leben?

Diese Frage beschäftigt die Philosophen schon seit über zweitausend Jahren, und sie sind zu ganz verschiedenen Antworten gekommen, denn jeder kann »gut« für sich auf unterschiedliche Weise deuten. Aber wir meinen diese Frage hier gar nicht philosophisch, sondern ganz konkret: Welche Umstände, welche Beziehungen, welche Dinge brauche ich, um glücklich zu sein?

Zugegeben, diese Frage ist nicht einfach zu beantworten. Vor allem nicht für junge Menschen, denen andere Leute und die Werbung ständig erzählen, dass sie ganz viele Dinge unbedingt brauchen, um glücklich zu sein: ein neues Smartphone oder iPad, ein neues Computerspiel, neue Turnschuhe oder Jeans von genau dieser Marke, diese eine neue Nagellackfarbe, dieses eine Skateboard.

Und das hört nicht auf: Wenn man älter wird, werden einem ein neues Auto, eine schönere Wohnung, ein größerer Fernseher oder ein Einkaufstrip nach London oder Paris empfohlen, um glücklich zu sein. (Und um all diese Dinge kaufen zu können, die angeblich glücklich machen, geben viele Menschen für andere Dinge oft nur ganz wenig Geld aus – etwa für ihr Essen.)

Doch das IMMER MEHR macht die Menschen eigentlich gar nicht glücklicher. Umfragen in Europa und den USA haben ergeben, dass irgendwann ein Punkt erreicht ist, an dem einen etwas, das man neu kauft, nicht zufriedener macht. Ja, fast zwei Drittel aller Befragten haben angegeben, dass sie das meiste, das sie gekauft haben, gar nicht brauchen. So tragen wir im Schnitt bis zu vierzig Prozent unserer Kleidung selten oder nie, und fast ein Drittel der Lebensmittel, die in Europa oder den USA produziert werden, landet im Müll.

Dafür treiben wir also die magische Maschine zu Höchstleistungen: um Produkte zu erzeugen, die wir nicht brauchen, die wir eigentlich gar nicht wollen? *Dafür* zerstören wir die Natur? Wie idiotisch ist das denn! Was ist da nur los?

Offensichtlich geht es bei den meisten Menschen in den reicheren Ländern um eine Vorstellung von Glück und einem guten Leben, die sie sich von irgendjemand anderem abschauen. Wenn wir uns nämlich einmal selbst fragen, was wir brauchen, um glücklich zu sein, oder wenn wir uns fragen, wann wir das letzte Mal wirklich glücklich waren, dann kommt man auf ganz andere Sachen.

Was braucht es, damit du glücklich bist? Wann warst du das letzte Mal glücklich?

Probier es mal aus. Was brauchst du, damit du glücklich bist? Wann warst du das letzte Mal glücklich?

Niemand, dem wir Autoren diese Frage gestellt haben, sagte, dass er oder sie wirklich glücklich war, als sie dieses neue Handy bekommen haben. Oder dieses neue Computerspiel. Nein, da ging es um etwas anderes.

Zum Beispiel, wenn man sich körperlich richtig wohl fühlt, wenn man rundum gesund ist, wenn man sich ganz und gar lebendig fühlt – dann sind viele Leute wirklich glücklich.

Oder wenn man sich anderen Menschen nahe fühlt, seiner Familie oder Freunden oder jemandem, in den man verliebt ist – dann sind viele Leute wirklich glücklich.

Oder wenn man gemeinsam etwas geschafft hat, ein Projekt auf die Beine gestellt oder etwas in Bewegung gesetzt hat, was einem wichtig war – dann sind viele Leute wirklich glücklich.

Oder auch wenn man draußen in der Natur ist, wenn man sich mit der Natur verbunden fühlt, ihre Schönheit bewundern kann, wenn man spürt, ein Teil von einem größeren Ganzen zu sein – dann sind viele Leute wirklich glücklich …

Ganz ehrlich, diesen letzten Punkt haben wir uns nicht einfach ausgedacht, weil er so gut zum Thema unseres Buches passt. Sehr viele Menschen – wir würden sogar sagen: die allermeisten Menschen – fühlen sich wirklich glücklich und zufrieden, wenn sie in der Natur sind, wenn sie sich als Teil der Natur empfinden. Sie kommen nur so selten dazu.

Aber vielleicht lachst du jetzt gerade oder musst zumindest grinsen. Vielleicht fragst du dich gerade: Wollen die jetzt, dass ich einen Baum umarme, und dann wird alles gut?

Nun, es kann großen Spaß machen, einen Baum zu umarmen. Aber ob du das wirklich tun willst, ist deine Sache, da mischen wir uns nicht ein. Wir bitten dich lediglich darum, noch einmal an den Ort zurückzukehren, den du dir für die kleine Übung ausgesucht hast.

Es ist deine Entscheidung

Erinnerst du dich? Dort, wo du im Frühling das Zwitschern der Vögel hören, im Sommer das Flimmern der Luft sehen, im Herbst die feuchte Erde riechen und im Winter die Schneeflocken im Gesicht spüren kannst.

Aber jetzt fragen wir nicht, was das alles um dich herum, also die Natur, *ist*. Denn diese Frage haben wir ja inzwischen beantwortet: Die Natur ist immer das, was Menschen in ihr sehen – ein Ort der Erholung, eine Wildnis, etwas Erhabenes, eine Ressource und so weiter. Wenn wir von der Natur reden, reden wir praktisch immer von einer menschlichen Interpretation der Natur. Die Natur selbst ist weder gut noch böse, weder sanft noch brutal, weder dies noch das – die Natur ist schlicht und einfach sie selbst.

Nein, jetzt stellen wir eine andere Frage: Was hat die Natur jenseits aller Interpretationen *wirklich* mit dir zu tun?

Die Frage ist uns ziemlich wichtig, denn was wir in diesem Buch bisher geschrieben haben – dass wir Menschen Natur sind, dass die Natur die Grundlage für unsere Zivilisation ist und dass wir uns im Laufe der letzten Jahrhunderte mit verhängnisvollen Folgen von der Natur entfernt haben –, das hast du bisher nur *gelesen*. Das waren erst einmal nur Worte.

Also schlagen wir dir eine weitere Übung vor. Wir bitten dich, das, was du bisher gelesen hast, zu *empfinden*.

Das klingt etwas schräg, ist es aber nicht. Denn mit alldem, was du da in der Natur siehst, hörst, riechst und spürst, stehst du in einer unauflöslichen Verbindung, selbst wenn dir das nicht bewusst ist. Lass die Natur also einfach mal auf dich wirken, ohne unbedingt gleich etwas verstehen zu wollen oder nach etwas Bestimmten Ausschau zu halten.

Geh in einen großen Park. Schau dir die Pflanzen an: die ersten Knospen im Frühling, die Blüten, das Gras, die Früchte, die sich im Laufe eines Jahres verändernden Farben. Sieh dir einen Baum an – wie sich die Wurzeln fest in die Erde krallen, wie die Furchen der Rinde verlaufen, wie er sich nach oben zur Sonne streckt und in Tausende Äste und Blätter auffächert. Beobachte die Tiere. Die Eichhörnchen, die dir skeptische Blicke zuwerfen. Die Krähen, die genau darauf achten, was du tust. Die Hunde, die den Kopf schief legen, wenn du mit ihnen sprichst.

Besuche einen Bauernhof und nimm dir Zeit, Kühe einmal richtig zu betrachten. Viele Menschen halten sie für langweilige Tiere, die den ganzen Tag nur herumstehen und fressen. Aber wie alle Säugetiere, wir Menschen eingeschlossen, sind Kühe sehr individuelle und emotionale Lebewesen. Keine Kuh ist wie die andere. Kühe durchleben eine Pubertät, sie gehen Bindungen mit anderen Kühen ein, und wenn sie nach einem langen Winter das erste Mal wieder auf die Weide kommen, springen und hüpfen sie vor Freude.

Fahr in einen Wald. Ein Wald ist ein riesiges Netzwerk aus Pflanzen, Pilzen und Tieren. Achte darauf, wie sich hier die Stimmung im Laufe eines Tages verändert und was dort alles geschieht, was man alles sieht und hört, wenn man einfach nur still ist. Vielleicht kommen Rehe an den Waldrand und grasen im Abendlicht. Vielleicht siehst du auch in weiter Entfernung einen Wolf oder einen Luchs vorbeihuschen. Das ist zwar nicht sehr wahrscheinlich, denn Wölfe und Luchse meiden Menschen, aber selbst wenn du sie nicht siehst, weißt du: Sie sind dort irgendwo, sie verleihen dem Wald eine rätselhafte Aura, die er ohne sie nicht hätte.

Geh an einen Fluss. Egal, ob an einen großen oder einen kleinen. Auch wenn ein Fluss von uns Menschen an vielen seiner Abschnitte begradigt oder aufgestaut wurde, hat er immer noch Geheimnisse und verborgene Stellen, die man entdecken kann. Folge dem Fluss stromaufwärts oder stromabwärts, schau, wie sich das Wasser seinen Weg bahnt, wie sich die Vegetation verändert, welche Tiere an den jeweiligen Abschnitten des Flusses leben, welche Ökosysteme sich dort gebildet haben. Jeder Fluss beginnt einmal als Wassertropfen, der sich mit anderen Tropfen zusammentut. Der Fluss schwillt an, formt die Landschaft, durch die er fließt, vereinigt sich mit anderen Flüssen, und irgendwann ergießt sich das viele Wasser ins Meer. Über Millionen von Jahren hinweg haben Flüsse die Kontinente der Erde geprägt. Alle bedeutenden Städte der Menschen wurden an Flüssen erbaut. Die Flüsse sind die Lebensadern unseres Planeten.

Oder fahr einmal an einen Ort, an dem es praktisch überhaupt keine Bewirtschaftung oder sonstige Beeinflussung durch den Menschen gibt. Das kann ein Naturschutzgebiet oder ein Nationalpark sein, in Europa gibt es einige davon. Weit im Osten Polens, an der Grenze zu Weißrussland, gibt es sogar einen Wald, wo noch alles mehr oder weniger so ist, wie es seit der letzten Eiszeit war: Der Wald von Białowieża ist der einzig verbliebene sogenannte Primärwald im europäischen Tiefland. Während alle anderen Wälder im Laufe der Zeit mindestens einmal vollständig gerodet und dann wieder aufgeforstet wurden, blieb der Wald von Białowieża verschont. Hier, auf etwa eintausendfünfhundert Quadratkilometern, gibt es Jahrhunderte alte Bäume, die bis zu fünfzig Meter in den Himmel ragen, und wenn sie einmal umstürzen, dann bildet sich in ihrem zerfallenden Holz ganz viel neues Leben.

Der Wald von Białowieża ist streng geschützt, und seine Kernzone darf man nur mit ausgebildeten Guides betreten. Es ist ein überwältigendes Gefühl, dort zu sehen, wie vielfältig das Leben sein kann, was die Evolution alles hervorbringt. In Białowieża gibt es Fichten, Buchen, Eschen, Eichen, Linden, Ahorne und unzählige andere Pflanzen, darunter viele seltene Heil- und Giftpflanzen. Hier gibt es zehn verschiedene Spechtarten. Und Pilze, die neuntausend Jahre alt werden. Man kann Hirsche, Rehe, Füchse, Dachse, Luchse, Wölfe, Elche, Eulen, Falken und viele weitere frei lebende Tierarten beobachten – etwa Wisente, große Büffel, die im Rest Europas praktisch ausgerottet sind.

Du kannst alle diese Orte besuchen und erforschen, dir ein Bild davon machen und sie interpretieren. Und gleichzeitig kannst du dich als *Teil* dieser Orte empfinden.

Wenn wir über Natur reden, reden wir praktisch immer von Grenzen: zwischen Stadt und Land, zwischen drinnen und draußen, zwischen Mensch und Umwelt. Aber diese Grenzen existieren überhaupt nicht, niemand hat sie jemals gezogen und niemand wird sie jemals ziehen können, denn das ist unmöglich. Wo immer wir uns befinden, ist auch Natur: Sie ist um uns herum, sie ist in uns drin.

Alle Lebewesen in der Natur entstehen, blühen auf, verwelken und sterben – so wie du, so wie wir alle. Jeder von uns lebt ein Leben, und jedes Leben hat einen Anfang und ein Ende und dazwischen hoffentlich ganz viele glückliche Tage.

Alles in der Natur will leben und muss dafür Energie in Form von Sonnenlicht oder in Form von Pflanzen oder Tieren aufnehmen und verarbeiten – so wie du, so wie wir alle. Restaurants und Supermärkte sind nichts anderes als Orte, an denen wir uns mit Energie versorgen, um weiterleben zu können.

Alles in der Natur verändert sich ständig, wird unaufhörlich zu etwas anderem – so wie du, so wie wir alle. Niemand von uns ist ein Leben lang derselbe Mensch, wir werden älter, wir lernen, wir sammeln Erfahrungen, wir werden hoffentlich weiser.

Und schließlich: Alles in der Natur ist ein Teil dieser Erde, dieses unglaublich schönen Planeten. So wie du, so wie wir alle.

Wenn man das einmal empfunden hat, dann versteht man, dass wir Menschen glücklicher wären und ein besseres Leben hätten, wenn wir keinen Krieg gegen die Natur führen würden.

Aber natürlich ist das nicht so einfach. Denn so sehr wir uns als ein Teil der Natur fühlen können, so sehr ist es eben auch eine menschliche Eigenschaft, einen Filter zwischen uns und die Natur zu legen, durch den wir das Geschehen in der Natur auf jeweils individuelle Weise betrachten und bewerten. Womöglich wird das immer so sein. Womöglich werden wir immer in zwei Welten zu Hause sein.

Du entscheidest darüber, wie nah oder wie fern du dich der Natur fühlen willst.

Und so legst auch du an dem Ort, an dem du dich gerade befindest, einen Filter zwischen dich und das, was du siehst, spürst, riechst, hörst. Das ist ganz normal.

Aber wie durchlässig dieser Filter ist, darüber entscheidest du ganz alleine. Keine Wissenschaftler, keine Lehrer, keine Buchautoren, keine anderen Erwachsenen können diese Entscheidung für dich treffen.

Du entscheidest darüber, wie nah oder wie fern du dich der Natur fühlen willst. Ob du draußen sein willst, selbst bei eisiger Kälte, ob du in der Erde wühlen willst, auch wenn du dir dabei die Hände schmutzig machst.

Du entscheidest darüber, was für dich Natur ist: ein großer Wald, ein hoher Berg, ein Park, ein Garten oder eine Wiese. Und was alles für dich zur Natur gehört: ein Wolf, ein Hund, ein neu gepflanzter Baum oder vielleicht auch die Spinnen in eurer Wohnung.

Du entscheidest darüber, wie du die Natur betrachten willst: als

Ökosystem, als Wildnis, als etwas Schönes oder etwas Verzaubertes, als Erholungsort oder als irgendetwas anderes oder als alles zusammen.

Aber vor allem: Du entscheidest darüber, wie wichtig dir die Natur ist. Denn es gibt nicht nur keine Grenze zwischen uns und der Natur, weil wir ein Teil von ihr sind. Es gibt auch keine Grenze, weil wir Menschen die Natur verändert haben und immer stärker verändern. Sogar in einem Wald wie dem von Białowieża, den die Menschen seit Jahrhunderten weitgehend in Ruhe lassen, sieht man die dramatischen Folgen der durch menschliche Kohlendioxidemissionen bewirkten Erderhitzung.

Wo immer du dich also gerade in der Natur befindest, wir Menschen sind nicht nur ein Teil davon – wir tragen auch eine Verantwortung dafür. Denn wir sind die einzigen Lebewesen auf der Erde, die so mächtig sind, dass sie die Biosphäre des ganzen Planeten zerstören können.

Und was bedeutet das jetzt genau? Für dich? Für dein Leben im Hier und Heute? Und vor allem: Was bedeutet das für deine Zukunft?

10 // Willkommen im Morgen

»Zweifle nie daran, dass eine kleine Gruppe von Menschen die Welt verändern kann. Im Gegenteil: Die Welt wurde nie anders verändert.«

MARGARET MEAD

Eine neue Geschichte

Wir Menschen sind Geschichtenerzähler. Hier ist also eine Geschichte.

Es war einmal ein Frosch, der in einem Topf mit Wasser saß. Der Topf stand auf einem Herd, und das Wasser erwärmte sich sehr langsam. So langsam, dass sich der Frosch immer wieder sagen konnte: Bisher ist das Wasser doch angenehm warm, es geht mir gut, es besteht kein Grund zur Sorge. Also blieb er im Topf sitzen, statt herauszuhüpfen, was er jederzeit hätte tun können. Aber dann, plötzlich, begann das Wasser zu kochen. Der Frosch konnte nicht mehr heraushüpfen und starb. Ende der Geschichte.

Vielleicht hast du diese Geschichte vom Frosch, der sich so lange sicher fühlt, bis es zu spät ist, schon einmal gehört. Sie wird oft erzählt, denn man kann sie auf die unterschiedlichsten Situationen im Leben anwenden, in denen man glaubt, es würde schon irgendwie alles gut gehen, es sei doch alles nicht so schlimm. Obwohl man sich gleichzeitig unbemerkt einem Punkt nähert, an dem es plötzlich sehr schlimm wird.

Auch in unserem Fall kann man diese Geschichte anwenden. Denn die Menschheit des 21. Jahrhunderts verhält sich wie der Frosch im Topf.

Wir spüren zwar, dass es immer wärmer und damit immer gefährlicher auf unserem Planeten wird, aber noch ist es ja nicht so schlimm, oder? Wir schauen aus dem Fenster, die Sonne scheint, der Himmel ist blau, die Vögel zwitschern. Warum sollte man sich da Sorgen machen?

Gut, es gibt Menschen, die machen sich Sorgen. Sie nehmen wahr, was geschieht, und sind der Meinung, dass es höchste Zeit ist, etwas zu unternehmen. Aber viele von ihnen verhalten sich ebenfalls wie der Frosch (was sie natürlich nie zugeben würden). Sie sagen: »Die Politiker müssen endlich etwas tun.« Oder: »Eigentlich hat es doch keinen Sinn, wenn wir hier was machen. In China sind es eine Milliarde Menschen, die die Umwelt verschmutzen.« Oder: »Die Konzerne dürfen nicht immer nur an ihren Profit denken.« Oder: »Wenn das alles wirklich so dramatisch ist, muss doch *irgendjemand* etwas tun.« Ja, irgendjemand. Nur nicht sie selbst.

Denn die Menschheit des 21. Jahrhunderts verhält sich wie der Frosch im Topf.

Wer sich auch nur ein wenig um die Natur Sorgen macht und mit anderen darüber spricht, kennt solche und vergleichbare Aussagen. Sie machen zwar den Ernst der Lage deutlich, aber gleichzeitig signalisieren sie, dass die Situation, in die wir uns gebracht haben, zu kompliziert ist, als dass man daran etwas ändern könnte. Das heißt, als Einzelner. Aber die anderen sollen gefälligst etwas tun, wer auch immer diese anderen sind: die Wirtschaft, die Politik, die Gesellschaft, das »System«.

Das ist so, als würde der Frosch in seinem Topf sagen: Kann mal irgendjemand den Herd ausmachen? Denn noch betreffen viele von uns die Umweltkatastrophen, die wir in den Medien sehen, ja nicht wirklich. Noch können wir es uns erlauben, einfach zu sagen, dass »die anderen« gefälligst etwas tun sollen. Noch.

Aber wenn wir so weitermachen, wird irgendwann in diesem Jahrhundert der Punkt kommen, an dem es für uns alle wirklich schlimm werden wird – an dem das Wasser zu kochen beginnt. Das kann man zwar leugnen oder die Augen davor verschließen, es ändert jedoch nichts daran, dass es geschehen wird.

Ist die Geschichte vom Frosch wirklich unsere Geschichte? Wir

haben ja gesehen, dass Geschichten, die wir uns erzählen, die Kraft haben, Wirklichkeit zu werden.

Doch zum Glück ist die Geschichte vom Frosch nicht die einzige Geschichte, die wir uns erzählen können. Und auch die Geschichte, die uns die magische Maschine erzählt, ist nicht die einzige Geschichte, die wir uns erzählen können.

Wir können uns eine andere, neue Geschichte erzählen.

Nicht mit mir!

Diese neue Geschichte beginnt damit, dass wir noch einmal einen klaren Blick darauf werfen, worum es eigentlich geht.

Es geht darum, die Zerstörung der Natur auf dem Planeten Erde zu verringern und, eines Tages, sogar ganz zu beenden.

Für viele – auch für viele junge Menschen – klingt das nach einer unlösbaren Aufgabe. Du und deine Generation sollt das größte aller Probleme lösen, dem sich die Menschheit je gegenübersah. Und dabei seid ihr überhaupt nicht für dieses Problem verantwortlich, die Generationen vor euch haben es geschaffen, und die Generation, die im Augenblick in der Politik und Wirtschaft das Sagen hat, tut nicht genug, um das Problem zu lösen. Ja, einige Vertreter dieser Generation tun sogar alles, damit das Problem noch schlimmer wird. Und da verlangen jetzt irgendwelche Erwachsenen – seien es Eltern, Lehrer oder Buchautoren – von euch, dieses Problem eben mal so zu lösen, eben mal »die Welt zu retten«.

Aber wer von uns ist schon in der Lage, die Welt zu retten? Niemand kann das, auch ihr nicht.

Aber wer von uns ist schon in der Lage, die Welt zu retten? Niemand kann das, auch ihr nicht. Denn was soll da überhaupt genau gerettet werden? Jeder Mensch auf der Erde? Die Menschheit? Der Planet? Die Zukunft?

Doch darum geht es auch gar nicht. Ihr sollt nicht die Welt retten. Ihr sollt soviel wie nur möglich dafür tun, dass wir uns mit der Natur wieder versöhnen. Und uns damit in gewisser Weise auch mit uns selbst versöhnen. Das ist der entscheidende Punkt.

Auch diese Aufgabe ist riesig, denn verglichen mit anderen Krisen in der Menschheitsgeschichte ist die Krise, der wir uns im 21. Jahrhundert gegenübersehen, nicht mit herkömmlichen Mitteln und Methoden zu bewältigen. Im Gegenteil, es braucht neue Mittel und Methoden. Es braucht eine neue Form des Denkens. Diese Krise ist nämlich untrennbar mit der Art und Weise verbunden, wie sehr, sehr viele Menschen leben und wirtschaften, und einfach so wird keiner von ihnen das alles aufgeben.

Es wird auch keine Wundertechnik geben, die das Problem wegzaubert. Fast alle technischen Lösungen für ökologische Probleme haben sich im Nachhinein als Scheinlösungen herausgestellt, weil sie neue Probleme erzeugt haben, die man wieder mit technischen Mitteln lösen musste, die wiederum neue Probleme verursachten. Die Atomenergie galt einmal als *die* Lösung aller Energieprobleme der Menschheit – nun werden sich in hunderttausend Jahren immer noch Menschen mit dieser »Lösung«, also mit dem strahlenden Atommüll, herumschlagen.

Und »die Politik« oder »die Wirtschaft« werden auch nicht plötzlich etwas tun, was alles besser macht, nur weil es vernünftig ist. So funktioniert das leider nicht. Denn Politik und Wirtschaft sind keine von der Gesellschaft isolierten Bereiche. Wenn die Mehrheit der Menschen – egal, in welchem konkreten politischen oder wirtschaftlichen System sie leben – eine Vorstellung von Sicherheit, Wohlstand und einem guten Leben hat, die auf einem endlosen IMMER MEHR basiert, dann werden sich auch Politik und Wirtschaft nicht ändern, jedenfalls nicht schnell genug.

Nein, die Veränderungen, die es braucht, um diese Krise zu bewältigen, werden sich nicht einfach so vollziehen. Sondern nur dann, wenn es Menschen gibt, die sagen: Nicht mit mir! Wir machen diesen Irrsinn nicht länger mit. Wir überlassen das Schicksal des Planeten nicht dem IMMER MEHR. Wir wehren uns dagegen. Wir wollen zwar ein gutes Leben haben und glücklich sein, aber nicht auf Kosten der Natur.

Wenn man nämlich einen weiteren klaren Blick auf die Welt wirft, dann erkennt man: Keine der bedeutenden gesellschaftlichen Veränderungen in der Geschichte der Menschheit vollzog sich einfach von selbst. Alle diese Veränderungen wurden von Menschen erkämpft, die genau das gesagt haben: Nicht mit mir! Wir machen diesen Irrsinn nicht mit, wir wehren uns dagegen, wir *tun* etwas dagegen.

Zum Beispiel war es noch vor zweihundert Jahren in den Südstaaten der USA ganz normal, farbige Menschen als Sklaven zu halten und für sich arbeiten zu lassen. Heute gilt das völlig zu Recht als Verbrechen gegen die Menschlichkeit. Aber es hat Jahrzehnte gedauert und unzählige Leben gekostet, bis die Sklaverei verboten wurde. Ja, von 1861 bis 1865 wurde in den USA sogar ein großer Bürgerkrieg, der Sezessionskrieg, um diese Frage geführt. Und obwohl die Sklaverei verboten ist, ist damit der Rassismus nicht aus der Welt verschwunden – immer noch müssen farbige Menschen in vielen Ländern für ihre Rechte kämpfen.

Auch die Tatsache, dass es in Europa heute eine Selbstverständlichkeit ist, dass Frauen dieselben Rechte wie Männer haben, ist nicht einfach so vom Himmel gefallen. Noch vor hundert Jahren durften Frauen in vielen europäischen Ländern nicht wählen und waren wirtschaftlich und sozial vollständig von ihren Ehemännern abhängig. Erst als mutige Frauen auf die Straße gingen und in den Parteien und Parlamenten ihre Rechte einforderten, änderte sich etwas. Auch diese Veränderungen vollzogen sich langsam, über mehrere Generationen hinweg. Und auch dieser Kampf ist längst noch nicht vorbei.

Denn so läuft das eben auf dem Planeten Erde, seit es dort Menschen gibt: Spätere Generationen übernehmen nicht nur das, was frühere Generationen an Positivem geleistet haben – so wie ihr zum Beispiel das Internet, das eure Vorgängergeneration gebaut und euch damit großartige Möglichkeiten eröffnet hat. Sie übernehmen auch die Fehleinschätzungen früherer Generationen.

Leider gibt es keine Zeitmaschine, mit der man siebzig Jahre in die Vergangenheit reisen und das Experiment mit der Atomenergie stoppen kann – wir müssen mit dem Atommüll leben. Leider kann man nicht zurück ins frühe 18. Jahrhundert reisen und Thomas Newcomen darauf aufmerksam machen, dass die industrielle Förderung und Verbrennung fossiler Rohstoffe vielleicht keine so gute Idee ist – die jetzige und spätere Generationen müssen mit dem ganzen Kohlendioxid in der Atmosphäre zurechtkommen. Und leider kann man auch nicht ins Jahr 1907 reisen, als das Plastik, der erste vollständig synthetische Kunststoff, erfunden wurde, und seinen Erfindern sagen, dass sie sich lieber noch einmal überlegen sollten, ob sie es auf den Planeten loslassen.

Vor allem aber übernehmt ihr, die Generation des 21. Jahrhunderts, die Fehleinschätzung früherer Generationen, an die Versprechungen einer magischen Maschine zu glauben. Und den Planeten für eine Vorstellung von Wohlstand und Glück auszubeuten, die keine Grundlage in der Wirklichkeit hatte. Ihr übernehmt die Aufgabe, diese magische Maschine zu bremsen und in eine neue Richtung zu lenken – und damit eine neue Vorstellung von Wohlstand und Glück zu erzeugen.

Das ist tatsächlich nicht leicht. Vor allem nicht, wenn man jung ist, erstmal die Welt entdecken, Spaß haben und sich nicht gleich mit irgendwelchen Problemen auseinandersetzen will – wer will das schon? Oder wenn viele andere junge Menschen um einen herum sich für »das mit der Umwelt« gar nicht besonders interessieren. Oder eben, wenn damit gemeint ist, dass man gleich die ganze Welt, den Planeten oder die Zukunft retten muss.

Doch es gibt zwei gute Nachrichten für alle, die »Nicht mit mir!« sagen wollen, aber daran zweifeln, ob sie das wirklich hinkriegen und ob es wirklich etwas bringt, für die Natur zu kämpfen.

Die erste gute Nachricht ist: So riesig die Aufgabe auch erscheinen mag, sich mit der Natur zu versöhnen – jede Einzelne und jeder Einzelne von uns kann dafür etwas tun.

Man kann ein Leben führen, das nur wenig oder gar nicht dazu beiträgt, Kohlendioxid auszustoßen, Plastikmüll zu erzeugen oder den Tieren und Pflanzen ihren Lebensraum wegzunehmen. Und man muss dafür nicht »aussteigen«. Man kann kein oder nur wenig Fleisch und tierische Produkte essen. Man kann in kleinen Läden und auf Märkten Gemüse und Obst und vieles andere kaufen, das aus der nahen Umgebung stammt und biologisch angebaut wurde. Man kann auf dem Balkon oder im Garten blühende oder »wilde« Ecken für Tiere wie Bienen oder Igel einrichten. Man kann, wann immer es möglich ist, mit dem Rad oder Zug fahren oder zu Fuß gehen. Man kann jede Menge Energie sparen und nur das kaufen, was man auch wirklich braucht, was einem *wirklich* wichtig ist. Man kann kaputte Sachen lieber reparieren als wegwerfen, und Dinge, die man nicht mehr benötigt, gegen andere Dinge eintauschen. Und, und, und.

Nichts davon ist so schwer, dass es übermenschliche Kräfte braucht. Natürlich, man muss dafür seinen Alltag anders organisieren, muss in andere Geschäfte gehen oder nach anderen Rezepten kochen. Doch nichts davon führt dazu, dass man weniger Spaß am Leben hat. Ganz im Gegenteil. Nach einer Weile merkt man, dass man sich wohler fühlt, wenn man sich gesünder ernährt, und dass man mehr von der Welt wahrnimmt – vor allem das, was an der Welt wirklich schön ist. Und man merkt, dass man für andere Menschen, ob jung oder alt, ein Vorbild ist, dass sich andere Menschen von einem etwas abschauen. Das ist ein tolles Gefühl.

Man merkt, dass man für andere Menschen, ob jung oder alt, ein Vorbild ist.

Und für die, die meinen, dass das nicht genug ist, die noch mehr bewirken wollen – für die haben wir die zweite gute Nachricht. Auch das kann jede und jeder von uns tun.

Und zwar so.

Die Versöhnung mit der Natur

Rufen wir uns einfach noch einmal den Kern der ganzen Krise in Erinnerung: eine Vorstellung von Wohlstand und einem guten Leben, die mit den tatsächlichen Gegebenheiten auf einem endlichen Planeten unvereinbar ist. Die nichts mit der Tatsache zu tun hat, dass wir Menschen Teil einer zerstörbaren Natur sind. Die magische Maschine und das IMMER MEHR können nur weiterlaufen, wenn man sich eine Trennung von Natur und Mensch einbildet, die gar nicht existiert.

Obwohl man inzwischen viel darüber weiß, wie zerstörbar die Natur ist, und obwohl man weiß, dass wir mit ihrer Zerstörung uns selbst die Lebensgrundlage entziehen, hält sich diese Vorstellung hartnäckig. Sie scheint geradezu in Beton gegossen zu sein, weil sich die Menschen in den vergangenen dreihundert Jahren und ganz besonders in den letzten Jahrzehnten so weit von der Natur entfernt haben, dass sie sich nicht mehr als Teil davon fühlen. Dass sie gar nicht auf die Idee kommen würden, sich einfach mal in einen Wald oder an ein Meer oder auf einen Berg zu stellen und sich klarzumachen: Wenn wir das alles zerstören, zerstören wir uns selbst.

Die Ozeane, die Atmosphäre, die wild lebenden Tiere – das alles hat keinen Wert. Das ist das große Problem.

Anders ausgedrückt: Die meisten Menschen sehen in der Natur nichts Wertvolles.

Sie denken vielleicht, dass sie das tun. Sie pflegen ihre Gärten, lieben ihre Haustiere oder machen schöne Ausflüge ins Grüne. Und wenn man mit ihnen darüber redet, dann würden sie immer sagen, dass ihnen die Natur wichtig ist, dass sie die Natur ganz toll finden.

Aber wenn man sich ansieht, was unsere Gesellschaft als Ganzes, was fast alle Gesellschaften der Welt mit dem Planeten machen, dann ergibt sich ein anderes Bild. Die Ozeane und die Atmosphäre werden einfach so wie Müllkippen behandelt. Und die Tiere, die aussterben, sterben einfach so aus, ohne dass das in den Nachrichten ein großes Thema wäre (außer wenn bekannte und beliebte Arten aussterben).

Denn die Ozeane, die Atmosphäre, die wild lebenden Tiere – das alles hat keinen Wert, jedenfalls keinen, der mit irgendeinem anderen Wert vergleichbar wäre, den Menschen den Dingen verleihen.

Das ist das große Problem.

Aber man kann es lösen. Indem man der Natur und allem, was darin ist, einen Wert verleiht, eben vergleichbar anderen Werten.

Was heißt, einen Wert verleihen?

Wenn sie von Werten reden, meinen Menschen in der Regel einen finanziellen Wert, einen Preis, eine bestimmte Menge Geld. Und tatsächlich gibt es schon länger die Idee, der Natur einen Preis zu geben – also einen Preis für das, was heute noch umsonst ist. Wenn wir die Atmosphäre verschmutzen oder Müll ins Meer werfen, dann müssen wir dafür nichts bezahlen. Weil die Atmosphäre und die Meere einfach so für uns da sind, sie kosten uns nichts. Was aber, wenn es etwas kosten würde, die Atmosphäre und die Meere zu verschmutzen? Dann kämen viele Menschen – vor allem auch viele Firmen und Regierungen – womöglich ins Nachdenken, ob sie das weiterhin tun wollen.

Diese Idee wird seit vielen Jahren diskutiert und in Europa bereits konkret angewandt: Wenn eine Firma Kohlendioxid in die Luft blasen will, muss sie sich dafür »Nutzungsrechte« kaufen. Diese Nutzungsrechte sollen, so das zugrunde liegende Prinzip, Schritt für Schritt teurer werden, sodass sich die Firmen irgendwann sagen: Jetzt lohnt es sich finanziell nicht mehr, die Atmosphäre mit Kohlendioxid aufzufüllen. Jetzt stellen wir auf eine andere Produktionsweise um.

Das klingt wunderbar. Es funktioniert nur leider nicht, vor allem, weil diese Nutzungsrechte in Europa viel zu billig sind. Aber auch das Prinzip selbst funktioniert nicht. Wenn wir der Natur einen finanziellen Wert verleihen, tun wir nämlich nichts anderes, als die Natur wieder in die magische Maschine einzuspeisen. Die Zerstörung der Natur würde dann zwar etwas kosten, aber sie würde immer noch zerstört. Ja, sie würde womöglich sogar *noch mehr* zerstört, denn der finanzielle Wert von Natur ist überhaupt nicht ermittelbar.

Wenn man zum Beispiel in der Tiefsee nach Bodenschätzen gräbt und dabei ein Ökosystem mit Würmern und Seegurken vernichtet, dann kann man immer behaupten, dass diese Würmer und Seegurken *keinen* finanziellen Wert haben – das heißt, keinen wirtschaftlichen Nutzen für uns Menschen. Und das wäre auch gar nicht falsch, denn für das Graben nach Bodenschätzen spielen Würmer und Seegurken keine Rolle.

Wenn wir aber ausschließlich den Teilen der Natur einen finanziellen Wert verleihen, die einen wirtschaftlichen Nutzen für uns haben, dann würden wir den Planeten endgültig in eine Welt verwandeln, die nur für uns Menschen da ist, dann würden wir die Biosphäre ganz und gar vermenschlichen. Alles, was keinen Nutzen für uns hat, würde daraus verschwinden.

Das hätte eine gewisse Logik. Wie wir gesehen haben, ist es eine Eigenschaft von *Homo sapiens*, die Welt und alles, was darin ist, durch eine menschliche Brille zu betrachten. Aber letztlich hätte das zur Folge, dass wir das Netzwerk des Lebens auf der Erde zerreißen, denn wir wissen einfach nicht genug über dieses Netzwerk – wir wissen nicht, ob Würmer oder Seegurken oder andere Lebewesen darin eine entscheidende Rolle spielen. Wir kennen noch nicht einmal den Großteil der Arten auf der Welt. Wir verstehen nicht, was wir da eigentlich zerstören.

Außerdem: Wie soll man das, was die Natur tut, *überhaupt* finanziell bewerten? Was kostet ein Vogel, der vor unserem Fenster zwitschert? Wie viel ist das Schnurren einer Katze wert? Wie viel der Anblick der Morgendämmerung? Oder der Duft von Fliederblüten? Für das alles gibt es keinen Preis. Das alles ist unbezahlbar.

Um die magische Maschine zu bremsen und in eine andere Richtung zu lenken, muss man also über eine andere Art von Wert diskutieren. Nicht über einen finanziellen Wert, sondern über einen Wert *an sich*. Einen Wert, der darauf beruht, dass die Natur über Millionen von Jahren hinweg für sich selbst da war und das auch in Zukunft sein wird.

Wir Menschen sind seit geraumer Zeit – verglichen mit der Erdgeschichte eine extrem kurze Zeit – Teil der Natur. Wenn man sich ansieht, was wir alles in dieser kurzen Zeit gemacht haben, wie sehr wir die Erde verändert haben, dann kann man sagen, dass wir Menschen inzwischen ein ziemlich bedeutender Teil der Natur sind. Aber wir sind eben nur ein Teil. Und genau darum geht es: In allem, was Menschen tun, ob in der Politik, in der Wirtschaft, in der Gesellschaft oder im Alltag eines jeden von uns, sollte sichtbar werden, dass wir nur ein Teil eines größeren Ganzen sind.

Die Menschen haben dem Planeten die drei Schläge nicht aus Absicht oder Bösartigkeit verpasst. Sondern weil sie meinten, die Natur wäre etwas, über das sie frei verfügen können. Und weil sie sich einfach keine Gedanken darüber gemacht haben. Die Natur war für sie »Umwelt«, eine Welt außerhalb der eigentlichen Welt. Das war einer der größten Denkfehler in der Geschichte der Menschheit. Denn es existiert keine Welt außerhalb der Welt. Diesen Denkfehler kann man nur korrigieren, indem man die Natur zu etwas Wertvollem macht. Zu etwas Wertvollem *an sich*. Das ist der Schlüssel.

Und jetzt?

Jetzt legen wir los. Jetzt legt *ihr* los. Jetzt verändert ihr den Lauf der Menschheitsgeschichte.

Ja, wirklich. An welchem Ort der Welt ihr euch auch immer befindet oder wie viele ihr auch immer seid, wenn ihr diese eine Idee – der Natur einen *Wert an sich* zu verleihen – nicht aus den Augen verliert, dann kann es gelingen, dass sich die Menschen mit der Natur versöhnen.

Jetzt verändert ihr den Lauf der Menschheitsgeschichte.

Geht auf die Straße, demonstriert dafür, dass die Meere und die Atmosphäre nicht länger als Müllkippe behandelt werden, sondern als schützenswerte Ökosysteme. Kämpft für eine andere Form der Landwirtschaft und damit für die Bewahrung gefährdeter Tier- und Pflanzenarten – wir müssen nicht so viel Dünger und Giftstoffe auf die Felder ausbringen, es geht auch anders. Setzt euch dafür ein, dass Plastik nur noch in geringen Mengen produziert wird – wir brauchen dieses ganze Plastik nicht, es gibt so viele bessere Stoffe, die wir nutzen können. Demonstriert für eine andere Energieversorgung, die auf die Nutzung der Sonnenenergie setzt – denn Sonnenenergie ist in praktisch unendlich großer Menge vorhanden.

Schreibt der Regierung eures Landes oder eurem Bürgermeister oder einem Unternehmen in eurer Nähe und fordert sie auf, die Lebensräume von Tieren, die durch Baumaßnahmen zerstört werden, zu ersetzen. Wehrt euch gegen unsinnige Baumaßnahmen. Jede unnötige Straße, jeder unnötige Parkplatz, jedes unnötige Gebäude versiegelt Flächen und vernichtet Lebensräume – und in Europa gibt es viele unnötige Straßen, Parkplätze und Gebäude. Ja, kämpft dafür, dass vor Jahren oder Jahrzehnten versiegelte Flächen wieder zurückgebaut werden – dass sie wieder geöffnet werden. Dass dort wieder fruchtbarer Boden zum Vorschein kommt, wieder Pflanzen blühen und Tiere leben können. Wenn es an einem Ort wieder Leben gibt, dann zieht dieses Leben weiteres Leben nach sich. Dann entstehen wieder Ökosysteme. Wo einmal Bäume standen, können wieder Bäume stehen. Wo einmal ein Moor war, kann wieder ein Moor sein. Wo einmal ein Fluss frei geflossen ist, kann er wieder frei fließen.

Setzt euch dafür ein, dass möglichst viele neue Schutzgebiete entstehen. Dass Tiere und Pflanzen wieder dort angesiedelt werden, wo sie früher einmal heimisch waren, damit die Natur wieder die Chance bekommt, sich selbst zu regulieren. Macht den Menschen klar, dass Naturschutz sehr oft einfach darin besteht, *nichts* zu tun und der Natur ihren Lauf zu lassen.

In den rumänischen Karpaten werden beispielsweise seit 2014 Wisente ausgewildert. Sie verändern die Landschaft auf wunderbare Weise, sie schaffen Lichtungen und Schneisen im Wald, damit sich weitere Tiere und Pflanzen ansiedeln können. So etwas ist in viel mehr Gebieten Europas machbar, als man meint, denn die Bevölkerungszahl auf dem Land sinkt. Aber selbst wenn in diesen Gebieten Menschen leben, heißt das nicht, dass sich die Natur dort nicht entfalten kann – die Menschen müssen einfach nur erkennen, wie wichtig das ist. Viele Schutzgebiete oder Nationalparks in den USA oder anderen Ländern waren in ihren Anfängen umstritten, heute sind sie ein nicht mehr wegzudenkender Teil dieser Länder – und die dort lebenden Menschen sind stolz auf sie.

Setzt euch dafür ein, dass der Wert der Natur in Verordnungen, Gesetze und vielleicht sogar in die Verfassung eures Landes aufgenommen wird. In der Verfassung Ecuadors steht seit 2008, dass die Natur ein »Recht auf Leben und Respekt« hat, und 2011 wurde dort in einem Gerichtsurteil einem Fluss das Recht zugesprochen, so zu fließen, wie er es möchte. Ja, tatsächlich!

Im deutschen Grundgesetz steht, dass der Staat »die natürlichen Lebensgrundlagen und die Tiere auch in Verantwortung für die künftigen Generationen schützt«. Aber niemand weiß, was das eigentlich konkret bedeutet. Was heißt: »natürliche Lebensgrundlagen«? Was heißt: »schützt«? Und vor allem: Wie legt man das Wort »auch« aus? Für diese Konkretisierungen und Auslegungen sind Gerichte zuständig. Zieht also, wie die Jugendlichen in den USA, von denen am Anfang die Rede war, vor Gericht. Klagt eure Rechte ein.

Auch wenn viele dieser juristischen Verfahren in den USA und Europa scheitern, so sind sie doch wichtig für spätere neue Verfahren. Und es scheitern auch nicht alle: Vor kurzem hat das höchste Gericht der Niederlande die Regierung dazu verurteilt, die Treibhausgasemissionen drastisch zu senken, weil, so die Begründung, die Erhitzung der Erde »das Leben, das Wohlergehen und die Lebensumstände vieler Menschen in der ganzen Welt, einschließlich der Niederlande« bedrohe. Das ist ein wirklich sensationelles Urteil.

Kämpft für die Tiere – die wilden Tiere, die vom Aussterben bedroht sind, und die Nutztiere, die ausgebeutet und gequält werden. Setzt euch dafür ein, dass Tiere nicht mehr länger als Sachen gelten, wie es seit langem gesetzlich geregelt ist, sondern als die fühlenden Lebewesen, die sie tatsächlich sind.

Redet mit den Erwachsenen, so lange, bis sie zuhören. Und wenn sie nicht zuhören, dann lasst euch davon nicht beeindrucken. Mischt euch ein – in eurer Schule, in eurem Dorf, in eurer Stadt, in eurem Land. Und lasst euch bloß nicht von irgendjemanden sagen: »Das ist ja ganz nett, was ihr da macht, aber die eigentlich wichtigen Dinge werden woanders entschieden.« Nein, geht mitten hinein in die Gesellschaft. Geht dorthin, wo über die Verteilung von Geldern entschieden wird. Wo Gesetze gemacht werden. Wo Macht ausgeübt wird. An all diesen Orten ist es wichtig, dass über den Wert der Natur gesprochen wird.

Und wenn ihr überlegt, was ihr später im Leben einmal machen wollt, dann denkt daran, dass man mit fast jedem Beruf den Wert der Natur in der Gesellschaft stärken kann. Nicht nur als Ökologe oder Umweltplaner, sondern auch als Anwalt, als Manager, als Architekt, als Koch, als Landwirt, als Politiker, als Beamter, als Priester, als Arzt, als Künstler oder als Elektriker.

Was immer ihr also an Projekten startet, an welchen politischen Diskussionen ihr euch beteiligt, was immer ihr später einmal machen wollt, setzt euch für dieses eine Ziel ein: der Natur einen Wert zu verleihen. Setzt euch dafür ein, dass die Natur ein Wert *an sich* ist, dass sie genauso wertvoll ist wie alles andere, was die Gesellschaft für wichtig hält: wirtschaftlicher Wohlstand, sozialer Zusammenhalt oder, wie es in der amerikanischen Verfassung heißt, das »Glück jedes Einzelnen«.

Kämpft dafür, dass es eines Tages normal ist, so zu denken – so wie es heute normal ist, dass man Sklaverei oder die Unterdrückung der Frauen als *nicht normal* betrachtet. Kämpft dafür, dass sich spätere Generationen einmal fragen werden: Wie konnten die früher nur so etwas tun? Wie konnten sie die Natur nur so behandeln?

Uff. Das alles klingt wirklich wie eine riesige Aufgabe. Aber eigentlich ist sie gar nicht so riesig. Sie scheint es nur zu sein. Alle diese Strukturen und Abläufe, die die Natur zerstören – ob bestimmte Industrieanlagen oder Gesetze oder Geldflüsse – wurden irgendwann einmal von Menschen geschaffen. Und zwar nie von allen Menschen oder gar »der Menschheit«, sondern immer von einer Gruppe von Menschen, die ein wirtschaftliches oder politisches Interesse an diesen Strukturen hatte. Dass beispielsweise so viele Menschen mit Autos fahren, liegt nicht daran, dass es im Wesen des Menschen liegt, ein Auto zu besitzen, sondern weil im 20. Jahrhundert die Autoindustrie mit allen Mitteln dafür gesorgt hat, dass die Stadtplaner die Städte dem Autoverkehr anpassen und nicht dem öffentlichen Nahverkehr (was nun mühsam rückgängig gemacht werden muss, denn die meisten Städte ersticken fast im Autoverkehr).

Ihr werdet auf heftigen Widerstand stoßen. Es wird Konflikte geben.

Und so ist es auch möglich, dass alle diese Strukturen und Abläufe von Menschen wieder verändert oder ganz abgeschafft werden können. Denn jede von Menschen erdachte Lebens- und Wirtschaftsweise hat einen Anfang und irgendwann einmal ein Ende. Das gilt auch für das IMMER MEHR.

Allerdings sind wir auch nicht naiv. Wenn diese Aufgabe einfach wäre, wäre sie schon längst erledigt worden, denn seit vielen Jahrzehnten wird über alle diese Themen gesprochen, seit vielen Jahrzehnten redet man über die katastrophalen Folgen des IMMER MEHR. Nein, die Bewältigung dieser Aufgabe wird ein harter Kampf. Und bestimmt werdet ihr euch dabei immer mal wieder fragen, ob sich das alles wirklich lohnt.

Ihr werdet nämlich auf heftigen Widerstand stoßen. Es wird Konflikte geben. Es kann sein, dass man euch als »Öko-Spinner« oder gar als

»Radikale« bezeichnet. Bestimmte Worte werden in der gesellschaftlichen Diskussion oft völlig sinnverkehrt verwendet. Zum Beispiel »radikal«. Regelmäßig, wenn Menschen etwas fordern, das ein bisschen mehr von der Gesellschaft verlangt, als die Gesellschaft gewohnt ist, wird das als radikal bezeichnet, egal, ob es die Ernährung, die Mobilität oder den Umgang mit Tieren betrifft. Aber wer oder was ist hier eigentlich radikal? Was gibt es Radikaleres, als jeden Morgen aufzustehen und den ganzen Tag lang dazu beizutragen, dass sich die Atmosphäre aufheizt, dass es immer weniger Arten auf der Erde und immer mehr Müll gibt?

Es kann sein, dass man euch vorwirft, euch mehr für irgendwelche Insekten und andere Tiere einzusetzen als für Menschen. Das ist einer der dümmsten Vorwürfe, den man Naturschützern machen kann. Wer sich für die Natur einsetzt, setzt sich nämlich immer auch für Menschen ein: für das Leben von Menschen, für die Zukunft von Menschen. Aber viele Leute verstehen das nicht – also muss man es ihnen klarmachen.

Es kann auch sein, dass euch Politiker oder andere Erwachsene nicht ernst nehmen oder blockieren, wo es nur geht. Oder dass sie sagen: »Was wollt ihr eigentlich? Das alles geschieht doch schon, wir tun doch schon ganz viel für die Natur.« Aber wer genauer hinsieht, merkt, dass das nur allzu oft gelogen ist. Der Schutz der Natur ist zwar in aller Munde, aber trotzdem wird sie nicht ausreichend geschützt. Zwischen dem, was Menschen sagen, und dem, was tatsächlich geschieht, besteht oft eine große Diskrepanz – vor allem deshalb, weil viele Leute mit der Zerstörung der Natur sehr viel Geld verdienen.

Wenn ihr euch also fragt, ob sich das alles wirklich lohnt, dann denkt daran, dass es hier nicht darum geht, *alle* Menschen sofort zu überzeugen. Denkt daran, dass große Veränderungen in der Geschichte der Menschheit immer von einer kleinen Gruppe von Menschen ausgegangen sind. Oder sogar von einem Menschen allein.

Im Jahr 1962 schrieb die amerikanische Zoologin Rachel Carson das Buch *Der stumme Frühling*, in dem sie als Allererste darauf hinwies, dass es durch den übermäßigen Pestizideinsatz in der Landwirtschaft immer weniger Vögel gebe. Das Buch löste eine heftige Debatte aus und führte

dazu, dass bestimmte Giftstoffe weltweit verboten wurden und bis heute verboten sind.

Im Jahr 1979 begann der Inder Jadav Payeng damit, jeden Tag einen Baum auf einer Sandbank zu pflanzen, weil er sah, wie die Schlangen auf dieser Sandbank der Flussinsel Majuli ohne Schatten in der Sonne starben. Damals war er sechzehn Jahre alt. Heute, vierzig Jahre später, steht dort ein 550 Hektar großer Wald, der Molai Forest, in dem Elefanten, Nashörnern, Hirsche und natürlich Schlangen leben.

Im Jahr 2011 sah der sechzehnjährige Niederländer Boyan Slat während eines Urlaubs am Mittelmeer beim Tauchen mehr Plastikmüll als Fische und überlegte sich, wie man dieses ganze Plastik wieder aus dem Meer herausbringen könnte. Kurz darauf rief er die Organisation »The Ocean Cleanup« ins Leben, und trotz technischer Rückschläge ist er bis heute auf den Weltmeeren unterwegs, um eine Lösung für dieses Problem zu finden.

Im Jahr 2018 setzte sich die fünfzehnjährige Schwedin Greta Thunberg mit einem Schild, auf dem »Schulstreik für das Klima« stand, jeden

Freitag vor ihre Schule und weigerte sich, am Unterricht teilzunehmen. Ein Jahr später taten Hunderttausende anderer Schülerinnen und Schüler rund um die Welt dasselbe – die größte Protestbewegung, die es für die Natur je gegeben hat.

Man könnte unzählige solcher Beispiele finden: kleine und große, bekannte und eher unbekannte. Lauter Beispiele dafür, dass es sich lohnen kann, sich beharrlich für etwas einzusetzen und das Ziel nicht aus den Augen zu verlieren.

Ihr macht das alles nämlich nicht, um irgendjemandem zu gefallen. Sondern ihr macht es, weil es um *alles* geht. Um das Leben auf der Erde. Um die Zukunft dieses Lebens. Um eure Zukunft.

Die heutigen Erwachsenen werden am Ende des 21. Jahrhunderts längst nicht mehr da sein. Wenn sie euch gegenüber behaupten, dass sie unaufhörlich an die Zukunft ihrer Kinder und Enkel denken, dann fragt sie, ob sie das wirklich ernst meinen – oder ob es nicht nur leere Worte sind und sie eigentlich nur an sich, an ihre Generation, denken. Denn wenn sie es wirklich ernst meinen, hat das Konsequenzen, über die sie sich womöglich selbst noch gar nicht im Klaren sind.

Die Welt der Zukunft wird eure Welt sein.

Und entweder wird es eine weitgehend zerstörte Welt sein.

Oder eben eine neue Welt.

Eine neue Welt

Die Geschichte der Menschheit, haben wir zu Beginn dieses Buches geschrieben, ist eine Geschichte unaufhörlicher Veränderungen. Und wir haben die Frage gestellt, was dabei die wirklich bedeutenden Veränderungen sind.

Hier ist nun die Antwort darauf: Die wirklich bedeutenden Veränderungen vollziehen sich, wenn die Menschen damit beginnen, sich eine neue Geschichte über sich selbst zu erzählen. Darüber, was richtig oder falsch, was gut oder böse, was normal oder radikal ist. Darüber, was es eigentlich heißt, ein Mensch zu sein, sich *menschlich* zu verhalten.

Es war selten neues Wissen, das diese wirklich bedeutenden Veränderungen bewirkte. Zur Zeit der Sklaverei wussten alle Amerikaner, auch die Weißen in den Südstaaten, dass Sklaverei ein Verbrechen gegen die Menschlichkeit war. Die Sklavenhalter konnten sich ein Leben ohne Sklaverei einfach nur nicht vorstellen. Sie kannten nichts anderes. Sie erzählten sich dieselbe üble Geschichte immer und immer wieder und reichten sie von Generation zu Generation weiter. Bis es eines Tages nicht mehr weiterging. Bis eines Tages der beharrliche und opferreiche Kampf vieler Menschen gegen diese Geschichte zum Erfolg führte. Bis sich die Menschen eine neue Geschichte darüber zu erzählen begannen, wie Menschen miteinander umgehen sollten.

Die Welt der Zukunft wird eure Welt sein. Und entweder wird es eine zerstörte Welt sein. Oder eine neue Welt.

Auch heute wissen wir praktisch alles, was man über die Zerstörung der Natur wissen muss. Wir wissen, was wir Menschen auf der Erde anrichten, und wir wissen, was man tun muss, um diese Zerstörung zu beenden.

Wir erleben extreme Hitzesommer, Starkregen, Orkane und Winter ohne Schnee. Wir nehmen das Verschwinden der Tiere wahr, auch wenn wir längst nicht jede Tierart kennen, die ausstirbt. Wir sehen im Fernsehen, wie in Australien und anderswo riesige Waldflächen abbrennen. Wir sehen, wie Felder verdorren, Flüsse und Seen austrocknen, wie Schlammlawinen Häuser mitreißen, Menschen in den Fluten ertrinken oder vor Dürren flüchten. Wir sehen das alles und wissen – selbst wenn wir es nicht wissen *wollen* –, dass wir dafür verantwortlich sind und unbedingt etwas dagegen tun müssen.

Aber das geschieht nicht. Jedenfalls nicht schnell genug.

Die Natur ist für die meisten Menschen so weit weg und so fremd, dass sie nicht bemerken, dass es womöglich bald überall auf der Welt sehr, sehr ungemütlich sein wird – so, wie es der Frosch im Topf nicht bemerkt. Sie blicken aus den Fenstern ihrer Häuser und Wohnungen und sagen sich: Das sieht doch alles noch ganz gut aus. Und leben ihr Leben weiter, wie sie es gewohnt sind. Warum tun sie das?

Weil sie sich einfach nicht vorstellen können, wie sie ohne das IMMER MEHR leben können. Weil sie sich nicht vorstellen können, wie sie von hier, der Gegenwart, in eine neue Welt der Zukunft kommen, die ganz anders sein wird. Eine Welt, die auf das IMMER MEHR verzichtet, nicht nur weil das notwendig, sondern weil das richtig und gut ist.

Sie können sich das nämlich erst vorstellen, wenn sie sich eine neue Geschichte über sich selbst und die Zukunft erzählen.

Eine Geschichte darüber, was man in einer solchen neuen Welt alles Wunderbares tun und bestaunen kann.

Was man in einer solchen neuen Welt alles über den Planeten Erde erfahren kann.

Was man in einer solchen neuen Welt alles von unseren Mitbewohnern lernen kann.

Und was für ein Spaß es in einer solchen neuen Welt sein wird, ein Mensch zu sein.

Diese Geschichte wird, da sind wir uns ganz sicher, eure Geschichte sein.

Zum Weiterlesen, Weiterschauen, Weiterdenken

Es gibt unzählige Bücher, Filme, Websites und Organisationen, die durch Wissensvermittlung, Aufklärung oder politische Kampagnen einen großen Beitrag zum Schutz der Natur und damit zum Schutz allen Lebens auf der Erde leisten. Die folgenden Empfehlungslisten sind also eine rein subjektive Auswahl – unsere ganz persönlichen Tipps für alle, die noch mehr über die Natur, die Menschen und die Zukunft des Planeten Erde erfahren wollen. Und für alle, die dafür kämpfen wollen, dass es eine gute Zukunft sein wird.

10 Bücher für eine neue Welt

Ray Bradbury: Fahrenheit 451 (München, Heyne, 2018)
Vordergründig geht es nicht um Natur in diesem Klassiker der Weltliteratur, sondern darum, dass wir die Art und Weise, wie eine Gesellschaft funktioniert, immer hinterfragen müssen. Und damit geht es eben doch um Natur. *Fahrenheit 451* zählt unserer Meinung nach zu den wenigen Büchern, die man im Leben wirklich gelesen haben muss.

Stephen Emmott: Zehn Milliarden (Frankfurt, Suhrkamp, 2015)
Aufrüttelnd und in wenigen Worten beschreibt der amerikanische Computerwissenschaftler, wie schwierig die Situation ist, in der sich die Menschheit im 21. Jahrhundert befindet. Und sagt uns, was wir unbedingt tun müssen, um unsere Zivilisation zu retten.

Charles Foster: Der Geschmack von Laub und Erde (München, Malik, 2017)
Wie leben Tiere? Wie fühlen sie? Wie nehmen sie die Welt wahr? Der Tierarzt und Naturforscher Charles Foster will das herausfinden, indem er selbst in die Rolle der Tiere schlüpft und für eine Weile wie ein Dachs, ein Otter oder ein Mauersegler lebt. Ein faszinierendes Experiment.

Der Jugendrat der Generationen Stiftung: Ihr habt keinen Plan – darum machen wir einen (München, Blessing, 2019)
Wie können wir den Wandel herbeiführen, der nötig ist, um die Klimakatastrophe zu verhindern und die Zukunft zu bewahren? Ein anklagendes und

zugleich motivierendes Manifest von acht jungen Autorinnen und Autoren, die es nicht mehr mit ansehen können, wie die Erwachsenen mit der Welt umgehen.

Robert McFarlane: Die verlorenen Wörter (Berlin, Matthes & Seitz, 2018)
Eisvogel, Glockenblume, Zaunkönig – was, wenn die Wörter für die lebendige Natur unbemerkt aus der Sprache, den Geschichten, der Wirklichkeit verschwinden? Ein wunderschön illustriertes Buch, das es sich zur Aufgabe macht, diese und viele andere solcher Wörter in Gedichten zu bewahren.

George Saunders: Fuchs 8 (München, Luchterhand, 2019)
Tiere, die denken und sprechen wie Menschen, kennt man aus Fabeln und Filmen. In der berührenden Geschichte von Fuchs 8 und seinen Freunden knüpft der Autor an diese Tradition des Erzählens an. Aber er vermenschlicht die Tiere darin nicht, sondern gibt ihnen ihre Würde zurück.

Hilal Sezgin: Artgerecht ist nur die Freiheit (München, C.H. Beck, 2014)
Dürfen wir Tiere quälen und töten? Dürfen wir sie überhaupt »nutzen«? Die Journalistin Hilal Sezgin, die in Brandenburg auf dem Land selbst mit vielen Tieren zusammenlebt, zeigt, dass wir die Tiere nicht ausbeuten müssen, um ein gutes Leben zu haben.

Jens Soentgen: Von den Sternen zum Tau (Wuppertal, Peter Hammer, 2010)
Der Wissenschaftler und Journalist nimmt uns mit auf eine Entdeckungsreise durch die Natur: vom Makrokosmos bis zum Mikrokosmos, von den Steinen über die Tiere und Pflanzen bis zum Menschen. Ein Buch, das zeigt, wie eng wir mit allem um uns herum wirklich verbunden sind.

Harald Welzer: Selbst denken (Frankfurt am Main, Fischer, 2014)
Der bekannte deutsche Sozialpsychologe zeigt nicht nur, warum die Zukunft früher ein Versprechen war und wie sie es wieder werden könnte. Sondern auch, warum man nicht immer alles hinnehmen muss und dass es sich lohnt, gegen Fehlentwicklungen zu kämpfen und damit die Gesellschaft mitzugestalten.

Edward O. Wilson: Die Hälfte der Erde (München, C.H. Beck, 2016)
Auf den ersten Blick erscheint die Forderung des weltberühmten Zoologen völlig weltfremd: Wir müssen die Hälfte unseres Planeten den Tieren und Pflan-

zen zurückgeben. Aber Wilson beschreibt ganz genau, wie das gehen könnte. Ein Buch, das die Augen öffnet.

10 Filme für eine neue Welt

A Life On Our Planet – Ein Leben auf unserem Planeten (Regie: David Attenborough, 2020)
Niemand hat mehr von der Natur der Erde gesehen als er: der britische Tierfilmer und Forscher David Attenborough. Er hat jeden Kontinent und fast alle wilden Orte des Planeten besucht und das Leben in all seiner Vielfalt dokumentiert. In diesem Film legt der heute 93-Jährige ein Zeugnis davon ab und schildert seine Vision für die Zukunft.

Addicted to Plastic (Regie: Ian Connacher, 2008)
Ein spannender und informativer Dokumentarfilm über Plastik – seine Geschichte, die dadurch verursachten Probleme und mögliche Lösungen. Der kanadische Filmemacher und sein Team recherchierten dafür in zwölf Ländern auf fünf Erdteilen.

Amy und die Wildgänse (Regie: Carroll Ballard, 1997)
Nach dem Tod ihrer Mutter zieht die junge Amy zu ihrem Vater in die Wildnis Ontarios. Doch erst als sie zur »Gänsemutter« eines Dutzends Küken wird, nähern sich die beiden an. Gemeinsam lehren sie die jungen Gänse das Fliegen. Ein Film darüber, wie wir uns selbst helfen, wenn wir der Natur helfen.

Cowspiracy (Regie: Kip Anderson und Keegan Kuhn, 2014)
Die industrielle Nutztierhaltung ist eine der Hauptursachen für die Klimaerwärmung und das Artensterben und fügt der Natur mehr Schaden zu als jede andere Industrie. Der packende Film versucht herauszufinden, warum dieser Tatsache so wenig Beachtung geschenkt wird, und zeigt mögliche Lösungen.

Die Wiese – Ein Paradies nebenan (Regie: Jan Haft, 2019)
Der Film des preisgekrönten deutschen Naturfilmers schildert ein besonders wertvolles und bedrohtes Ökosystem direkt vor unserer Haustür, das vor Leben

nur so wimmelt: die Wiese mit all ihren Pflanzen und Tieren im Lauf eines Jahres.

Racing Extinction (Regie: Louie Psihoyos, 2015)

Der oscarprämierte Dokumentarfilmer zeigt mit teilweise verdeckt gefilmten Aufnahmen die katastrophalen Folgen menschlichen Handelns für die Artenvielfalt. Es geht um Tiere, die kurz vor dem Aussterben sind, und um Tiere, die es nicht mehr gibt. Aber auch darum, was jeder Einzelne von uns tun kann.

System Error – Wie endet der Kapitalismus? (Regie: Florian Opiz, 2018)

Welche Zusammenhänge bestehen zwischen unserem Wirtschaftssystem und der Naturzerstörung? Zwischen endlichen Ressourcen und dem Glauben an unendliches Wachstum? In zahlreichen Interviews mit Entscheidungsträgern aus Wirtschaft und Politik geht es um diese überlebenswichtigen Fragen.

Tomorrow – Die Welt ist voller Lösungen (Regie: Cyril Dion und Mélanie Laurent, 2016)

Zwei französische Dokumentarfilmer machen sich auf die Suche nach innovativen Ideen und Projekten, die helfen, den Zusammenbruch der weltweiten Ökosysteme zu verhindern. Sie begegnen dabei beeindruckenden Menschen, die sich trotz aller Rückschläge nicht von ihrem Ziel abbringen lassen.

Whale Rider (Regie: Niki Caro, 2002)

Als Wale an der Küste Neuseelands stranden, lehnt sich die zwölfjährige Kahu gegen die Tradition ihres Volkes auf, um die Tiere zu retten – und beweist, dass auch Mädchen Walreiter sein können. Eine wunderschön gefilmte und packende Geschichte, die uns ein ganz anderes Verständnis von Natur zeigt.

10 Milliarden – Wie werden wir alle satt? (Regie: Valentin Thurn, 2015)

Der Regisseur und Autor geht der Frage nach, wie das Essen der Zukunft aussehen könnte. Werden wir einmal Insekten essen oder uns nur noch vegetarisch ernähren? Kann die ökologische Landwirtschaft künftig zehn Milliarden Menschen ernähren? Werden wir alle auch ohne die Ausbeutung natürlicher Ressourcen satt?

10 Websites für eine neue Welt

degrowth.de
Von Urban Gardening über Tierrechte bis hin zur Gemeinwohlökonomie – diese Seite bietet einen sehr guten Überblick über viele Ideen und Bewegungen, wie Wirtschaft und Gesellschaft anders gedacht und gelebt werden können.

deutschewildtierstiftung.de
Auf der Seite der Deutschen Wildtierstiftung gibt es jede Menge Wissen (und auch Live-Streams) zu heimischen Wildtieren und ihren Lebensräumen – wie man sie fördern und schützen kann.

deutschland-summt.de
Hier findet man wichtige Informationen darüber, warum Honig- und Wildbienen für unser Leben von entscheidender Bedeutung sind und wie man ihnen helfen kann: als Imker oder Grünstreifen-Bepflanzer, auf dem Balkon oder im Garten.

futurzwei.org
Das Futur 2 ist die grammatikalische Form, in der man über die Zukunft reden kann, als wäre sie bereits geschehen: »Ich werde etwas getan haben.« Hier findet man großartige Geschichten und Projekte, die wie Zukunft klingen, aber bereits Gegenwart sind.

geo.de
Auf der Seite des Magazins *Geo* gibt es hervorragende Artikel und Podcasts zu ökologischen Themen und Expeditionen in die Natur. Man findet auch ein Tierlexikon, Anleitungen zu wissenschaftlichen Experimenten und vieles mehr.

planet-wissen.de
Die Website zur Fernsehsendung *Planet Wissen* mit zahllosen Artikeln und Videos zu den Themen Naturschutz, Plastik, Klimawandel und Insektensterben. Es geht aber auch um Technik, um Geschichte und um die Gesellschaft als Ganzes.

ressourcen-rechner.de

Hier kann jeder in weniger als zehn Minuten seinen jährlichen ökologischen Fußabdruck ausrechnen. Dazu gibt es Fragen zu fünf Bereichen: Konsum, Ernährung, Freizeit, Mobilität und Urlaub. Das Ergebnis zeigt, ob man mehr oder weniger Ressourcen als der Durchschnitt verbraucht.

spektrum.de

Auf der Seite der Zeitschrift *Spektrum der Wissenschaft* findet man praktisch alles, was man über Naturwissenschaften wissen will – zu Astronomie, Biologie, Chemie, Physik, Geologie und vielem mehr. Außerdem gibt es hier sehr gute Online-Lexika.

umweltbundesamt.de

Deutschlands wichtigste Umweltbehörde stellt regelmäßig aktuelle Daten und Fakten zu den Bereichen Klima, Luft- und Bodenverschmutzung, Landwirtschaft, Abfall etc. ins Internet. Dazu viele praktische Tipps zum Umweltschutz.

wcs.org

Die Wildlife Conservation Society (WCS) schützt Arten und die letzten wilden Orte unserer sich dramatisch verändernden Welt. Auf ihrer Website lernt man, in welchen Regionen dies besonders nötig ist und welche Projekte wirklich helfen.

10 Organisationen für eine neue Welt

BUND (bund.net)

Der Bund für Umwelt und Naturschutz Deutschland ist eine der bedeutendsten Umweltschutzorganisationen Europas. Ein Netzwerk aus Ortsgruppen, Kreisgruppen und Landesverbänden setzt sich für ökologische Landwirtschaft, Klima- und Artenschutz ein. Bei der BUNDjugend engagieren sich junge Menschen in Kampagnen und Projekten für ökologische und soziale Themen.

Ende Gelände (ende-gelaende.org)

Ein Zusammenschluss von Aktivistinnen und Aktivisten aus Anti-Atom- und Anti-Kohle-Bewegungen, die mit der Besetzung des Hambacher Forsts und der

Blockade von Kohlekraftwerken bekannt wurde. Ihr Ziel ist es, mit zivilem Ungehorsam ein sichtbares Signal für eine Wende zu einem echten Klimaschutz zu setzen.

Fridays for Future (fridaysforfuture.de)

Die von Greta Thunberg initiierte Bewegung ist inzwischen in zahlreichen Ländern aktiv. Fridays for Future orientiert sich an den wissenschaftlichen Erkenntnissen zum Klimawandel und wird allein in Deutschland von 27.000 Wissenschaftlerinnen und Wissenschaftlern unterstützt. Jeder kann in Ortsgruppen, Arbeitsgruppen und auf Demonstrationen mitmachen.

Greenpeace (greenpeace.de)

Die bekannteste Umweltschutzorganisation der Welt, die mit spektakulären Aktionen wie der Behinderung von Walfangflotten oder der Besetzung der Bohrinsel Brent Spar weltweite Bedeutung erlangt hat. In Deutschland hat Greenpeace über eine halbe Millionen Mitglieder und bietet Jugendlichen jede Menge Möglichkeiten zum Mitmachen.

NABU (nabu.de)

1899 als Bund für Vogelschutz gegründet, ist der Naturschutzbund heute der älteste und mit mehr als 700.000 Mitgliedern und Förderern größte Umweltverband Deutschlands. In der Unterorganisation Naturschutzjugend können sich auch Jugendliche dafür engagieren, die Natur für nachfolgende Generationen zu bewahren.

PETA (peta.de)

PETA, abgekürzt für People for the Ethical Treatment of Animals, kämpft weltweit für den ethischen Umgang mit Tieren. Mit teilweise sehr provozierenden Kampagnen weist die Organisation auf Missstände wie Massentierhaltung, Tierversuche oder Pelztierhaltung hin. Bei Peta2 können sich auch Jugendliche für Tiere engagieren.

Plant for the Planet (plant-for-the-planet.de)

Angefangen hat alles mit einem Schulreferat des neunjährigen Felix Finkbeiner, heute ist Plant for the Planet eine weltweite Bewegung mit dem Ziel, so viele Bäume wie möglich zu pflanzen, um der Atmosphäre Kohlendioxid zu entziehen. Jeder kann mitmachen. In über 70 Ländern haben schon Plant-for-the-Planet-Akademien und -Aktionen stattgefunden.

Slow Food Deutschland (slowfood.de)

Ursprünglich ein Protest gegen Fast Food – der Art und Weise, wie viele Menschen essen –, ist es das Ziel der heute in vielen Ländern aktiven Organisation, durch Wiederbelebung vergessener Tier- und Pflanzenarten und Herstellungsverfahren regionale Vielfalt zu fördern. Auch Slow Food Youth macht mit vielen Kampagnen auf Themen rund um unsere Ernährung aufmerksam.

WWF (wwf.de)

Der World Wide Fund For Nature engagiert sich beim Aufbau von Naturschutzgebieten, beim Erhalt gefährdeter Landschaften und beim Schutz bedrohter Tier- und Pflanzenarten. Er ist eine der größten Naturschutzorganisationen der Welt. Die WWF-Jugend organisiert Demonstrationen für mehr Arten- und Klimaschutz oder diskutiert mit politischen Entscheidungsträgern.

350 (350.org)

350 ppm, *parts per million*, ist die Anzahl der Kohlendioxidpartikel in der Atmosphäre, die wir nicht überschreiten dürfen, sonst gerät das Klima früher oder später außer Kontrolle. Dafür müssen Emissionen drastisch reduziert werden. Die gleichnamige globale Bewegung richtet sich mit ihren Aktionen vor allem gegen die Öl-, Kohle- und Gasindustrie.

Die Menschen hinter den Zitaten

Astrid Lindgren (1907-2002)
Schwedische Schriftstellerin, die mit *Pippi Langstrumpf, Michel aus Lönneberga* und *Ronja* Räubertochter zu einer der meistgelesenen Jugendbuchautorinnen der Welt wurde. Sie engagierte sich zudem für die Rechte von Kindern, Gewaltlosigkeit und Tierschutz.

Michael Ende (1929-1995)
Deutscher Schriftsteller, der als einer der größten Erzähler fantastischer Geschichten für Jung und Alt gilt. Seine bekanntesten Werke sind *Die unendliche Geschichte, Lukas der Lokomotivführer* und *Momo*.

Roberto Bolaño (1953-2003)
Chilenischer Dichter und Schriftsteller, der nach dem Militärputsch 1973 in Chile ins Exil nach Mexiko und später nach Spanien ging. Mit seinen Büchern *Die wilden Detektive* und *2666* erlangte er Weltruhm.

Franz Kafka (1883-1924)
Der Autor von *Die Verwandlung* und *Der Prozess* zählt zu den wichtigsten Erzählern des 20. Jahrhunderts. Für seinen Schreibstil gibt es sogar eine eigene Bezeichnung: kafkaesk, was so viel wie auf unergründliche Weise bedrohlich bedeutet.

Carl Sagan (1934-1996)
Der Professor für Astronomie war der berühmteste amerikanische Wissenschaftler der 1980er-Jahre. Seine Fernsehserie *Cosmos* sahen eine halbe Milliarde Zuschauer in sechzig Ländern. Er war außerdem an vielen Weltraummissionen beteiligt.

Albert Schweitzer (1875-1965)
Deutsch-französischer Arzt und Philosoph, der für seinen Einsatz für verfolgte Menschen 1953 den Friedensnobelpreis erhielt. Er gründete das Albert-Schweitzer-Hospital in Lambaréné im zentralafrikanischen Gabun und zählt auch zu den wichtigsten Vordenkern der Tierschutzbewegung.

Georg Christoph Lichtenberg (1742-1799)

Deutscher Naturwissenschaftler, der für seine Vorlesungen zur Experimentalphysik berühmt war. Alexander von Humboldt, sein Student, dankte ihm dafür so: »Wahrheit an sich ist kostbar, kostbarer aber noch ist die Fertigkeit, sie zu finden.«

Ludwig Wittgenstein (1889-1951)

Einer der prägendsten Philosophen des 20. Jahrhunderts, der wichtige Beiträge zur Logik und Sprachphilosophie lieferte. Sein Hauptwerk ist die Schrift *Tractatus logico-philosophicus*.

Bill McKibben (geboren 1960)

Amerikanischer Umweltaktivist und Autor. Er ist der Gründer der weltweiten Klimainitiative 350.org, die für die Reduktion der Kohlendioxidemissionen kämpft. 2014 wurde er mit dem Alternativen Nobelpreis geehrt.

Aslı Erdoğan (geboren 1967)

Türkische Schriftstellerin, die viele Jahre als Physikerin arbeitete, ehe sie sich dem Schreiben widmete. Wegen ihrer Kritik an der türkischen Regierung wurde sie im August 2016 verhaftet. Seit 2017 lebt sie in Deutschland im Exil.

John Muir (1838-1914)

Amerikanischer Universalgelehrter, Erfinder und Schriftsteller, der im Laufe seines Lebens vom Naturforscher zum Naturschützer wurde. Er hatte großen Anteil daran, dass es heute in den USA so viele Nationalparks gibt.

Margaret Mead (1901-1978)

Amerikanische Anthropologin, die sich damit befasste, was den Menschen eigentlich ausmacht: die Gene oder die Kultur. Sie setzte sich auch für die Gleichberechtigung der Frauen und für eine liberale Kindererziehung ein und kämpfte gegen Rassismus.

Literaturverzeichnis

Blom, Philipp: *Was auf dem Spiel steht*, München, Hanser, 2017

Bryson, Bill: *Eine kurze Geschichte von fast allem*, München, Goldmann, 2004

Buderath, Bernhard/Makowski, Henry: *Die Natur dem Menschen untertan*, München, dtv, 1986

Busse, Tanja: *Das Sterben der anderen*, München, Blessing, 2019

Crist, Eileen: *Schöpfung ohne Krone*, München, Oekom, 2020

Dartnell, Lewis: *Ursprünge – Wie die Erde uns erschaffen hat*, München, Hanser, 2019

Detering, Heinrich: *Menschen im Weltgarten*, Göttingen, Wallstein, 2020

Dion, Cyril: *Kurze Anleitung zur Rettung der Erde*, Ditzingen, Reclam, 2019

Fortey, Richard: *Leben – Eine Biographie*, München, dtv, 2002

Glaubrecht, Matthias: *Das Ende der Evolution*, München, C. Bertelsmann, 2019

Göttert, Karl-Heinz: *Als die Natur noch sprach*, Ditzingen, Reclam, 2019

Hartmann, Kathrin: *Grüner wird's nicht*, München, Blessing, 2020

Harari, Yuval Noah: *Eine kurze Geschichte der Menschheit*, München, DVA, 2013

Kolbert, Elizabeth: *Das sechste Sterben*, Berlin, Suhrkamp, 2015

Margulis, Lynn: *Der symbiotische Planet*, Frankfurt am Main, Westend, 2017

McKibben, Bill: *Die taumelnde Welt*, München, Blessing, 2019

Meijer, Eva: *Die Sprachen der Tiere*, Berlin, Matthes & Seitz, 2018

Meijer, Eva: *Was Tiere wirklich wollen*, München, btb, 2019

Nelles, David/Serrer, Christian: *Kleine Gase – Große Wirkung: Der Klimawandel*, Friedrichshafen, KlimaWandel, 2018

Otto, Friederike: *Wütendes Wetter*, Berlin, Ullstein, 2019

Patel, Raj/Moore, Jason W.: *Entwertung – Eine Geschichte der Welt in sieben billigen Dingen*, Berlin, Rowohlt, 2018

Piechocki, Reinhard: *Landschaft – Heimat – Wildnis*, München, C.H. Beck, 2010

Reichholf, Josef H.: *Stabile Ungleichgewichte – Die Ökologie der Zukunft*, Frankfurt am Main, Suhrkamp, 2008

Reichholf, Josef H.: *Evolution – Eine kurze Geschichte von Mensch und Natur*, München, Hanser, 2016

Rich, Nathaniel: *Losing Earth*, Berlin, Rowohlt, 2019

Rockström, Johan/Klum Mattias: *Big World, Small Planet*, Berlin, Ullstein, 2016

Rosling, Hans: *Factfulness*, Berlin, Ullstein, 2018
Schellnhuber, Hans Joachim: *Selbstverbrennung*, München, C. Bertelsmann, 2015
Schilthuizen, Menno: *Darwin in der Stadt*, München, dtv, 2018
Schneider, Wolf: *Der Mensch – Eine Karriere*, Reinbek bei Hamburg, Rowohlt, 2008
Schutten, Jan Paul: *Evolution oder Das Rätsel von allem, was lebt*, Hildesheim, Gerstenberg, 2014
Schwägerl, Christian: *Menschenzeit*, München, Riemann, 2010
Suddendorf, Thomas: *Der Unterschied – Was den Mensch zum Menschen macht*, Berlin, Berlin Verlag, 2014
Weber, Andreas: *Enlivenment – Eine Kultur des Lebens*, Berlin, Matthes & Seitz, 2016
Wulf, Andrea: *Alexander von Humboldt und die Erfindung der Natur*, München, C. Bertelsmann, 2016

Dank

Wir bedanken uns bei Silvia Bartholl, Monika Bilstein, Elisabeth Bösl, Tilo Eckardt, Rosemarie Kern, Kristof Kurz und Bill McKibben für ihre wertvolle Unterstützung bei diesem Projekt. Hannah, Lina, Madita, Max und Paula haben das Manuskript gelesen und kommentiert – herzlichen Dank euch allen! Und ein besonderes Dankeschön geht an Guide Tadeusz und Kater Lucas in Białowieża für die Inspiration zu diesem Buch, an den Münchner Zukunftssalon für die großartigen Vorträge und an Katrin Stangl für ihre wunderbaren Illustrationen.

Die Autoren

SASCHA MAMCZAK, Jahrgang 1970, studierte Politische Wissenschaft, Volkswirtschaftslehre und Öffentliches Recht in München und Edinburgh. Er befasst sich intensiv mit Zukunftsthemen und Fragen der Generationengerechtigkeit. MARTINA VOGL, 1975 geboren, studierte Literaturwissenschaft und Kunstgeschichte in München. Beide arbeiten in Münchner Verlagen und haben gemeinsam das Jugendsachbuch *Es ist dein Planet – Ideen gegen den Irrsinn* (Heyne Verlag) geschrieben.

Die Illustratorin

KATRIN STANGL, geboren 1977, studierte an der Hochschule für Grafik und Buchkunst Leipzig. In unterschiedlichen Techniken bebildert sie eigene und fremde Texte. Ihre Werke wurden u. a. mit dem »Preis der Stiftung Buchkunst« und dem »Hans-Meid-Förderpreis« ausgezeichnet. Im Peter Hammer Verlag erschien zuletzt ihr Bilderbuch *Als die wilden Tiere zu uns kamen* (Text Didier Lévy). Katrin Stangl lebt mit ihrer Familie in Köln. www.katrinstangl.de

FSC
www.fsc.org
MIX
Papier aus verantwortungsvollen Quellen
FSC® C002795

2. Auflage 2021

Lektorat: Silvia Bartholl
Umschlagillustration: Katrin Stangl
Umschlagtypografie: Magdalene Krumbeck, Wuppertal
Satz und Gestaltung: Magdalene Krumbeck, Wuppertal
Druck: Livonia Print, Lettland
ISBN 978-3-7795-0647-8
www.peter-hammer-verlag.de